網路失控

SEXTS, TEXTS & SELFIES

HOW TO KEEP YOUR CHILDREN SAFE
IN THE DIGITAL SPACE

澳洲頂尖網路安全顧問中心主任

蘇珊・麥可林
Susan McLean

張芷淳 譯

遏止兒童色情犯罪，
我們都在同一條船上

黃珮瑜／現任臺灣臺北地方檢察署主任檢察官

　　雖然擔任婦幼組檢察官已經是多年前的事情了，但是有一個案件至今仍然令我印象深刻，就是一位有戀童癖的男子對其他無辜的男童、女童所犯下的性侵、強拍裸照的案件。為了避免將該男子的真實姓名顯現出來，我就稱他為 A 男。民國八十六年當 A 男年僅十七歲時，他積極前往國小擔任交通導護義工，以獲得接近孩童們的機會，他先跟一群小男生混熟，取得信賴後就順勢邀請他們到住處打電動，幾次下來，當男童及家長們漸漸放下心防後，A 男家就成為男童們課後照顧的好去處，然而純真的小男童們萬萬也想不到，這位平日對他們照顧有加又提供電動給他們玩的大哥哥，竟是一位想要侵害他們的人。

　　在長達兩年的的期間內，A 男終於顯露出他的目的，看著這些活潑可愛的小男童，讓他怎麼也按耐不住興奮，漸漸

地他強迫男童們脫去了衣褲，接下來強制猥褻、口交……但這樣還不夠，為了度過沒有男童在旁的時光，他還強拍男童的裸照，在夜深人靜的時候，獨自觀賞。某日午後，有個警察因緣際會在一處路口，發現 A 男身上帶著數張珍藏的男童裸照及底片。當下，這位機靈的員警意識到這絕非只是個人收藏照片這麼單純，因此，員警們驅使 A 男回住所查看。果然，在充滿各式各樣孩童的照片及底片堆裡，員警確定這是一樁史無前例的犯罪行為。案件就在員警及檢察官努力的追查下，確定了八位受害男童的身分，同時也發現了 A 男精心規劃的這一系列接近男童、引誘男童、進而侵害男童的犯行。本來以為將 A 男繩之以法後，男童們就安全了，然而在 A 男一副無害又完全認罪的情形下，A 男獲得緩刑五年而無須入監的判決結果。

在 A 男緩刑尚未期滿的九十五年間，又有其他孩童受害！檢警費了一番功夫，才在 A 男的隨身碟、筆電內的各式各樣兒童的裸照中，找出可以識別身分的五位受害者。這次的受害者都是非常信賴 A 男的長官或朋友們的孩子，其中三位受害者是 A 男當兵時長官的兒女，另外的受害者則是 A 男鄰居的兒子及與 A 男交往過的一位單親媽媽的三歲兒子。

猶記得當我要訊問其中一位受害女童時，雖然花了很多

時間與女童建立信賴感，並且有社工人員陪同，但她仍然無法說出當時被害的情節，從頭到尾只是一直不斷地哭泣。看著她悲傷的樣子，我怎麼也無法再問下去了，我相信她在被侵害的當時一定受了很大的創傷，而不願意再去回想……我看著從 A 男電腦中搜出該名女童當時被強拍裸照，女童緊閉雙眼及嘴唇的的害怕表情，相信這樣的證據已足以讓法官判決 A 男有罪。

這次 A 男被法院判處應執行有期徒刑四年六月，並應於刑之執行前施以治療至治癒為止，但最長不得超過三年。法官以為這樣就能遏止 A 男再犯，然而就在 A 男出獄不到一年，他又如出一轍地對信賴他的孩童下手，不同的是，這次 A 男利用社群網站 Facebook 為跳板，他先以假名建立一個粉絲專頁，專門協助想從事表演的孩童們去試鏡，由於社群網站傳播的效力，讓 A 男輕易就吸引眾多家長們將孩童交給他去參加各種試鏡演出，甚至在外過夜，A 男並再度得以接近孩童們，且一如往常地對孩童們強制猥褻、性侵、強拍裸照。這次被查出的受害者有七位，由於 A 男有多次前科紀錄，一審法官判處 A 男應執行有期徒刑十一年，該案迄今尚未確定。

該慶幸的是，A 男早期犯案時，網路通訊尚未發達，所以並沒有查到 A 男有將所拍攝的孩童裸照在網路上散布或

販賣，然而 A 男最後一次犯案的手法，就是利用社群網站快速傳播的特性，讓他更容易接觸到潛在的被害人，因此，網絡通訊的發達，無異是協助犯罪者的一種犯罪工具。

　　檢警在 A 男電腦中眾多的照片群中，雖然努力地想特定被害人的身分，但仍因孩童們的外表隨著時間的過去而長大變化，或是因為僅拍攝部分生殖器官特寫而無法查出被害人，可想而知，A 男電腦中其他無法辨識的被害人尚不知有多少……如果 A 男將其所拍攝的孩童裸照散布到網路上，藉以獲取更多利益，那受害情節及後果將更趨複雜，而檢警的偵辦極限亦將受到高度挑戰。

　　另一個我所知的案例，是一位年約十八歲的臺灣女學生，為了學習英文，女學生在網上結識了一位美國籍男子，一開始該名男子確實配合女學生的需求，協助她精進英文會話能力，經過三個月漸漸獲得女學生的信賴後，他取得女學生的真實姓名、地址、就讀學校等資料，並進而要求女學生自拍裸照傳給他，且保證不會散布，女學生雖然懷著忐忑的心情，然而仍天真地相信男子會依照他答應的不會加以散布，因而依男子的要求拍了裸照傳給男子，沒想到女學生的生活從此為之丕變，她的照片及真實身分資料出現在各色情網站上。一日，當她去學校上課時，還被同班男同學認出她就是色情網站上的本人。女同學因此痛不欲生，希望能將她

遏止兒童色情犯罪，我們都在同一條船上

的裸照從各網站上撤除，然而，以臺灣現今的法律規範，根本無法強制屬於國外公司所有的各社群網站、非法色情網站等撤下照片，更遑論那些遠在臺灣以外的其他國家的個人散布者。所以即使報警處理，也沒有辦法終止她的夢魘，女學生了解現況後，選擇不報案，以避免自己的真實身分再度受到更多的關注，而無盡期地活在恐懼中，無時無刻不害怕未來哪一天，又被他人認出來。

這種存在於有一定信賴關係人之間而散布裸照甚至私密活動照片、影片的情形，在現今資訊發達的時空環境下屢見不鮮，我們也一直在處理相關的案件，目前臺灣的法律通常僅以妨害秘密或散布猥褻物等罪嫌處理，而無任何得以強制通訊業者配合快速保存證據或強制下架的規範，再加上網路傳遞的特性、暗網的難以追查等情況，一旦照片被放上網路後，後果將難以控制。

兒童色情一直是聯合國關注的議題，聯合國在一九八九年十一月二十日的會議上通過《兒童權利公約》（Convention on the Rights of the Child），於一九九零年九月二日生效，這是首條具法律約束力的國際公約，並涵蓋所有人權範疇，以保障兒童在公民、經濟、政治、文化和社會中的權利及兒童的生存和全面發展，使其免受剝削、虐待或其他不良影響。

而我國業已透過制定《兒童權利公約施行法》予以國內法化，相關法制規範亦漸漸趨於完備，然而關於此種以網路犯罪手段而影響兒童身心發展之犯罪手法，仍待制訂更完備及具體可行之法律以利案件之偵查。

　　在相關法制尚未完備及偵查工具無法處理之時，最好的方式就是學習如何防範於未然。筆者以自身之辦案經驗及為人母親的心境，深入淺出地介紹各種網路犯罪的態樣，並教導因應之道，對於家中現正有經常流連於網路世界孩童之父母而言，無異是提供非常寶貴而實用的教戰手冊。除了書中表列的有些國外慣用語，與臺灣時下年輕人使用者並不相同，然而關於如何處理網路霸凌、了解孩子們在每一個送出自拍裸照下的瞬間情境及後續如何持續掌握最新資訊等面向，均提出非常詳細的說明，相信此書的出版必能大幅降低孩童們受到不當侵害的可能性，對國家社會大有裨益。

教養觀念跟上時代潮流，
網路世界化險為夷

陳信聰／公視有話好說製作人兼主持人

　　要做一個稱職的爸媽，我們這一代的問題更多、挑戰更大、擔憂也更深。幸好，這本《網路失控：情色勒索、網路霸凌、遊戲成癮無所不在！孩子的安全誰來顧？》適時地成為這一代父母的指導手冊，讓我們懂得如何有效地面對小孩子的 3C 依賴以及資訊爆炸的數位學習時代。

　　作者蘇珊麥克萊恩是澳大利亞的網絡警察，警察以及母親的雙重身份，讓作者有了更深入更全面的觀察。警察的職責是打擊犯罪，收集犯罪資料以及了解罪犯與被害者的背景。父母的職責是讓小孩子適性學習、擁有和諧友善的人際關係以及平安健康的長大。網路警察的身分讓蘇珊更了解，兒童們在使用手機與社群網站時，會遇到什麼樣的陷阱，會遭遇什麼樣的引誘，以及為何會成為罪犯的下手目標。

無所不在的網路以及隨手可得的資訊，雖然讓現代小孩具備前所未有的優勢，卻也暴露在無法想像的風險！霸凌、網路沉迷成癮、情慾探索、性犯罪等等，許多問題在家長還沒搞清楚之前，就已經找上了小孩。

　　根據內政部最新統計，二零一八年台灣人的初婚年齡（排除再婚），男性平均是三十二點五歲，女性平均三十點二歲。換句話說，不管是否奉子結婚，現在的人第一次當爸媽，大概都已經超過三十歲，而當小孩子到了八、九歲，開始每天吵著要買手機的時候，爸媽的年紀大概都已經到了四十歲。

　　四十年前是什麼時代？微軟 Windows 系統是在一九八五年問世，當時還得在 DOS 下輸入一大堆指令。在 Mac 系統下，一九八一年才誕生了第一隻商業化的滑鼠。我是上國一後才第一次用開機片啟動撲克牌遊戲，在大學時，必須到圖書館才能使用網際網路 Gopher 系統查詢館藏資料。我們小時候最大的娛樂是偷偷到巷口的雜貨店內打大型電玩，或是到有錢的同學家裡玩任天堂紅白機。中午放學回家只能陪阿公阿嬤看天天開心。晚上讓張小燕的連環泡或是潘迎紫的神鵰俠侶陪伴童年歲月。

　　四十年後的小孩是什麼年代？他們用 Google 搜尋花卉

鳥獸知識、上 NASA 網站探索黑洞的奧秘、隨手可得的色情或毒品資訊、躲在棉被裡跟陌生網友聊天。現在小朋友面對的成長環境，遠遠超過我們的經驗與能力。

成為父母後，我們一定會回想當年我們的爸媽是怎樣對待我們的。無論是學習仿效還是排斥反對，上一代的經驗總是下一代的重要依據。唯獨我們這一代，無論父母當年是用放任或是嚴苛的管教，恐怕已經完全無法套用現今的教養模式。

當小一小二的孩子整天要玩手機遊戲，當小三小四吵著要有自己的 Instagram、Facebook、LINE 的帳號，當小五小六已經有一半同學擁有自己的手機，當國一國二已經偷偷躲在棉被或是馬桶上跟別人聊了一兩個小時，而且不時地發出傻笑，作為爸媽，我們真的知道孩子們是在學習談功課？還是在聊天？還是在看色情的訊息？還是已經接觸到陌生網友的陷阱？

身為家長，到底該不該管？怎麼管？管了真的有用嗎？

二零一九年十月十四日，韓國藝人崔真理（雪莉）因為長期網路霸凌而發生自殺悲劇。台灣國健署二零一九年最新調查，有四分之一的國中學生在過去一年內曾經認真考慮自

殺。手機的普及只是讓霸凌問題越來越嚴重。當爸媽意識到小孩已經嚴重網路成癮時，貿然奪走手機也已經釀成好幾起悲劇。現代的父母們不容易理解，手機其實已經是串連起青少年世界的所有重要聯繫。問題在於為何小孩子會一路走到這個地步？為何父母在過程中都沒有適時地介入管理？為何沿途都沒有察覺小孩一步步地走入困境？

父母們會無時不刻提醒兒童過馬路要守規矩、要靠右邊走、要牽著大人的手。我們會很在意食品有無塑化劑、反式脂肪或是過多的鹽分糖分。但多數家長卻對網路資訊安全視若無睹。

放任小孩使用網路，不會讓他變成賈伯斯！

這本書一直告訴家長們一個重要觀點，不要因為我們不熟悉不了解，就放任小孩沉迷在風險極高的網路世界。賈伯斯、比爾蓋茲、祖克柏等資訊領袖，絕對不是因為沉迷在聊天室談八卦看色情影片而成功！相反的，這些對資訊社會有重大貢獻的經營者，對於未成年使用網路反倒比一般家長更加憂心。

Facebook 跟 Instagram 註冊帳號必須年滿十三歲，換句話說，現在很多國一以下的學生，根本不應該上 Facebook，

更不應該在 Instagram 上放一大堆有的沒有的照片。至於 LINE 在台灣雖然沒有年齡限制，但是 LINE 在日本，對未成年用戶實施多項限制，包括無法搜尋未成年用戶帳號以及更嚴格的隱私設定等。如果連社群網站經營者都不希望你的小孩成為他們的客戶，有什麼理由我們要放任小孩盡情沉迷在網路世界？

無論在澳洲、歐美還是台灣，作者苦口婆心提醒所有家長：在網路世界中，千萬別低估男童面臨的風險與傷害。台灣長期輕忽男童遭遇到的性犯罪，但是這本書舉出了許多的實際案例，包括男童遭誘騙裸照、恐嚇勒索以及其他的性犯罪。

這本書也提醒所有的家長，千萬不要因為錯誤觀念或是一時的虛榮心，而讓自己的小孩暴露在犯罪的風險當中。

「數位足跡」是所有人都必須建立的重要觀念！特別是在孩子零至八歲階段，家長往往是招致犯罪的重要根源。凡走過必留下痕跡，無論是在 Instagram 放上墾丁全家出遊時拍下的海灘小屁股，還是在 Facebook 上直播新生兒第一次全裸洗澡的影片，甚至是自以為幽默實則極其荒謬的公開自己兒子的小 GG 照片。就算你只設定好友瀏覽，但你根本不知道誰能看到這些畫面，更難想像之後那些職業的色情網站會拿這些照片做什麼！無論是小孩子的私密照片、活動訊息

以及身體心理狀況，無論如何，都不要放上網路。不要上傳你小孩子的照片，特別是裸照，不要放小孩出糗的影片，不要在網路上批評指責你的小孩跟配偶，不要公開自己的家庭與婚姻和諧與否，不要透漏自己的經濟狀況（不炫富不討拍）。原因很簡單，不要輕易地讓自己或家人成為犯罪目標。

另一個台灣很容易犯的錯誤，就是在網路上無時不刻的打卡報告自己所在位置以及一舉一動，美食餐廳、名勝景點、慢跑路線、出國行程、接送小孩的時間地點等等。除非你想讓任何人（包括罪犯），都可隨時地掌握你與家人的行蹤，否則到處打卡實在是最愚蠢的事情。數位足跡是這本書很重要的觀念，無論是任何社群軟體，你跟兒童的手機都應該非常在意隱私權設定，Facebook、Instagram、LINE 都可以不讓陌生人搜尋，如果你真的非買手機給小孩不可，別忘了可以先安裝家長監護的應用程式，中華電信等業者也都可以設定色情守門員。在全放跟全擋中間，家長們還是有很多方法可以選擇。

這時代很不一樣，現在青少年最嚮往的職業已經不是醫師律師工程師，而是網紅直播主。孩子們可以用我們前所未見的方式拿到陌生網友的打賞，卻也同時遭遇到我們無法想像的危險與壓力。

無論是新手爸媽或是資深父母，這本書都是很好用的教科書或使用手冊。作為父母親，我們必須勇敢的擔負起自己的責任，用理性與善意跟小孩溝通對話，找出一個適合自己家庭的模式。現代父母千萬不要輕易讓位退場，千萬別讓手機取代家長，千萬別讓網路成為小孩的保姆與最大精神寄託。

一位警務人員兼母親的告白

為人父母並不是件簡單的事。養育小孩本就無標準可依循，而我們通常須要仰賴父母、朋友，或者他人協助我們度過這一段美好的過程。養育兒女的路程雖充滿恐懼、不安和擔憂，卻又滿溢著快樂、愛和驕傲。在這趟與眾不同的旅程上，身為父母的我們都會在某些時刻需要指引。

當連上網路及使用各種不同的瀏覽設備時，忽地映入眼前的是一個嶄新的世界等著你去探索和體驗各種樂趣、挑戰和挫折。現今縱使我們共同欠缺世世代代關於保護孩子線上安全的知識，我們依舊能齊力保障孩子使用網路的安全。父母須要了解孩子的線上世界，因為他們的科技技能，加上你的成熟判斷、人生經驗和知識，將能激盪出最成功且無壓力的網路教養方式。畢竟，科技本身並無問題；使用科技的人才有可能是製造風險和危害的一方。

這本書獻給現在的你。你在本書中可學到任何關於網路世界的知識及其對孩子的影響：孩子在線上做些什麼、不該做什麼，以及如何協助孩子善用科技。最重要的是，你將學習如何保護他們的安全。

我們的孩子是數位世代的原住民，生長於一個為數位科技所圍繞的世界裡，無法想像沒有手機、iPad 或網路的生活。智慧型設備和社群網站已是孩子生活的一部分，並深深影響他們創造、分享和交換訊息的方式。

儘管網路有許多優點，使用網路的孩子仍舊會出現若干問題：

- ✔ 精通科技但缺少「真正的知識」和認知發展
- ✔ 網路成為社交和溝通的「主要」媒介
- ✔ 毫不畏懼科技或虛擬空間
- ✔ 上網變得至關重要
- ✔ 必須遵從他人的壓力

雖然現今的孩子極度精通科技，我們仍不該將其混淆成真正的知識—— 對於風險危害的認知、認知發展和成熟的判斷力。孩子很可能會為了科技而不管你，但你可以幫助他們理解真正的網路知識、在網上會遭遇的事情、如何判別處

理問題，以及如何保護自己的安全和運用常識。令人遺憾地是，就我平日所見，常識並非想像的一樣普及。

事實上，常識對於很多人而言很陌生，包括成人。當面對年輕脆弱、易受影響且荷爾蒙旺盛的青少年，他們的大腦仍處於可形塑的階段，想要他們和成人一樣思考通常是不可能的事。孩子無法在事前停下來思考自己行為的後果。因為年紀輕，縱使經過解釋，他們依舊沒有足夠的人生經驗或成熟度來理解事情的後果。這也是為什麼父母在這趟網路教養的旅程上如此重要。

身為三個孩子（已是青少年）的家長，自從最大的孩子在學校接觸到網路科技開始，這過去的十七年間，我都必須正面處理這個問題。就像多數的「老人」，我毫無頭緒，也不是特別有興趣，更沒有特別思考在數位世代裡我應當如何改變自己的教養方式。

我們的第一部電腦甚至沒有網路，只是用來繕打文件或玩磁碟遊戲。當初我們計畫要等到最大的孩子上中學以後，再添購第一台家用電腦，在這個時間點之前我們真心覺得沒有必要。然而，當她上三年級時，我們讓步買了一台。當時我們意識到科技是重要的工具，又因為當時女兒在學校學習科技，相應之下，我們必須接受。這代表了在我們第一個孩

子九歲時，科技進入了我們的生活。最小的孩子在他一會按滑鼠的時候就開始接觸了科技。儘管最大的跟最小的孩子只相差六歲（中間還有一個孩子），他們在科技的使用上天差地遠。即便到了今天，已是青少年的他們在面對和使用科技上相差甚遠。世代差異在這個例子裡並非二十到二十五歲的距離，而是五年之差。這也使得跟上科技的腳步——不論是好的壞的——都更加困難。為人父母上一個月才學到的科技，在這個月或不遠的將來就會變得過時。一個今天熟悉的應用程式很快就會被另一個完全沒有聽過的取代。

我的職涯始於一九八二年三月十五日，當時的我加入了維多利亞警隊。如同多數年輕熱心的警察，我熱衷於抓壞蛋。任何壞蛋都可以，但逮捕犯罪情節嚴重的罪犯尤其能帶給我一股興奮和深切的成就感。那個時候，犯罪發生在現實生活中具體的環境裡。早期的我派駐於費茲洛依，這是墨爾本人口密集區裡一個特別忙碌的的區域。過去人人皆知這裡每平方公里的酒吧比警察機關還要多。這個時候，虛擬犯罪尚不存在，手動打字機仍然普及。

快轉至一九九四年，我派駐於墨爾本北郊區，此區相對新穎且正快速擴展。我是警察學校參與計畫的一員。這項計畫派遣警察前進當地學校，希望與當地兒童建立正向的互動關係及打破藩籬。計畫宗旨在於利用教育防範未成年人犯

罪，並積極解決問題，而非消極等待問題發生。當時的我對此充滿熱忱，現在依舊如此。

在執行參與計畫之時，我的網路旅程也隨即展開。一九九四年二月，我以維多利亞警員的身分首次接獲關於網路霸凌的通報。我依然記得一通來自當地中學八年級課程統籌員的電話，電話中他邀請我到他所在的學校，因為他帶的一群八年級女生需要一些「警察的說法」。即使到了學校，我還是完全不知道那些女生做了什麼。這位老師開始討論起網路，我以為他只是在閒聊而已。一九九四年的我沒有手機，工作的地方也沒有網路。我更是很少在家上網。接著，他說：「這些女孩在網路上做了些過份的事。」

這是什麼情形？我記得自己回應了類似這樣的話：「這樣做對嗎？」和「這樣很不好！」這些是我當時唯一能想到的話。我甚至不知道這樣的情形可否稱為犯罪。身為警員，更糟的是身為父母，我完全不了解這個狀況，我當時想著：「這是我之後將會面對的事嗎？」

時至今日，這件我首次接獲的網路霸凌案，仍是我處理過最嚴重的案子之一。這群女孩其中一人在鬧翻後，想要報復另一個人。加害人在成人性愛聊天室張貼了一則廣告：**「如果你想要免費性愛，請聯絡這個女孩……」** 廣告更附上了

這位同學的姓名、住址和電話號碼。她當時無法預見的是這樣的行為對於被害者及其家屬造成的後果：一堆男人上門找尋那位大方提供免費性愛的十三歲女孩。也因此，被害者的一家人必須暫住在汽車旅館裡。我首次遭遇的網路霸凌案，對我而言，是一項非常困難的考驗。老實說，我根本不知道怎麼處理，只能盡量見招拆招。我意識到自己應該要學習，於是我開始學習。至今我們仍會看到青少年在網路上做出糟糕的決定，這個現象永遠不會改變，因為他們的認知發展程度將永不及他們的科技能力。因此，我們必須陪伴他們，在一路上提供協助和指引，並準備好在必要的時刻插手處理。身為家長，你的角色並非孩子最好的朋友。

工作一段時間後，我被派去處理一個頗為滑稽的案子，其中牽涉到一位副校長。她雖然通曉科技，也在工作上使用科技，卻選擇不建立社交網路帳號。某個星期一，當她抵達學校之後，一些教職員對她說她能開始使用 Facebook 是件很好的事。她告訴他們沒這回事以後，就沒有再去多想。直到休息時間時，更多的教職員恭喜她建立了 Facebook 帳號。她打電話給學校的資訊人員，請他調查為何每個人都以為她有 Facebook 帳號。他們很快發現一名學生以她的名義建立了帳號，盜用學校網站上的照片，假造了出生日期，再傳送交友邀請給所有教職員。所有人都接受了邀請，並且完全沒有意識到這是學生搞的鬼。這也代表這個學生在那一整個週

末都能看到許多教職員的臉書頁面。讓這位副校長最生氣的是，學生設定她的年齡為六十五，而實際上，她才五十出頭。雖然不是什麼大事，但這代表不論是誰都可以在網路上成為任何人。

我的教育和研究之路使我能遊歷世界，並前往美國及英國研讀。在澳洲，我是唯二成功獲得英國中央蘭開夏大學兒童網路安全證書的人。學得愈多，我就愈想要學習。對我而言，網路安全顯然會成為澳洲嚴重的問題，如同其他人口更多的國家所經歷的一樣。身為澳洲頂尖網路安全顧問中心──「Cyber Safety Solutions（網路安全解決方案）」──的主任，我一直在學習和增進對於網路的知識，並將之盡可能分享給更多的人。重要的是，要讓家長及其他關心與教育青少年的成人都能有正確的工具。每年下來，我平均指導超過七萬名年輕人和上千名家長、教育者、與青少年相關的人士和臨床心理醫師。當我們一起擁抱科技的好處，而非專注於科技是否會成為問題，大家才能受惠。最重要的是，更多的年輕人會因此在網路上更加安全。

這本書是根據我作為警員在網路安全領域多年的經驗，也是根據我作為三個精通科技的孩子的母親所獲得的經驗，並加上我在多國的進修研究經歷。我現在幾乎每天拜訪世界各角落的學校，處理線上安全的問題和教育青少年、老師及

家長。藉由與關鍵線上組織建立的穩固關係，我也提供初期危機管理、意見和解決方法。我很榮幸能夠被 Facebook 家庭安全中心列為可靠的網路安全專家。

希望這本更新版的《網路失控》能變成你在網路時代的教養守則。我相信這本書依舊是市面上最詳盡的網路安全守則之一。我不會說自己無所不知，但我想要分享自己所知。關於網路安全，我們都在同一條船上。而我時常借用唐納‧倫斯斐（Donald Rumsfeld）的話來解釋網路概念：

世上有「已知的已知」：有些事情我們知道自己已經了解；我們也知道一些「已知的未知」，也就是說，我們知道自己對有些事情並不了解；然而，世上還有些「未知的未知」：我們不知道自己對有些事情一無所知。

跟我一起展開這趟旅程，並學習那些你不知道自己其實一無所知的事。祝你好運！

第 | 章

一探究竟

身處網路的匿名虛擬世界裡，仍須要保有現實生活中的教
養禮儀和安全警覺。網路公共空間無所謂的隱私，只能再
三地注意安全。

第 2 章

網路常識的養成從家裡開始

管理好孩子的上網時間和內容，培養孩子良好的網路習
慣。及早和孩子展開對話，理解孩子的同儕壓力和好奇心，
同時應盡父母的管教職責。

第 **3** 章

孩子的線上名譽

061

在網路的世界沒有「取消」的選項。任何在網路空間留下的文章、評論、影像、通話紀錄等，都會成為無法移除的數位足跡，能直接影響孩子的名譽和形象觀感。

孩子都在線上做些什麼？

081

面對五花八門的網站和應用程式，要注意網站的年齡限制和互動模式、應用手機內建的家長監護功能、鼓勵孩子正確使用網路和科技產品，以預防孩子遭遇網路上潛在的危險。

線上結交的朋友也許並非真心

095

孩子渴望關注或想趕快轉大人的心態，常讓網路犯罪份子有機可乘，運用話術來拉近與孩子的距離，進而掌控或威脅孩子做不願意的事。

第 **8** 章

他們為什麼不肯下線？

159

孩童網路成癮的情況相當普遍，無法掌控合適的網路使用時間，身心健康大受影響。父母也必須注意遊戲的分級、內容是否暴力、孩子會在線上接觸到的人等等。

第 9 章

還有哪些網路問題？

179

主動去了解孩子可能會對什麼話題感興趣，開啟對話，以避免網路的暴力、情色或極端內容早一步成了孩子的啟蒙導師。

第 10 章

你能做的事

201

依循明確的網路教養準則，父母能和孩子一起在網路上學習、擁抱科技所帶來的益處，而不會感到龐大的壓力或擔憂。

第 11 章

尋求協助的管道

227

面對複雜難解的網路安全問題，不須要孤軍奮戰。豐富的資源能協助父母「對症下藥」，建立良好的親子互信合作關係。

第　｜　章

一探究竟

身處網路的匿名虛擬世界裡，仍須要保有現實
生活中的教養禮儀和安全警覺。網路公共空間
無所謂的隱私，只能再三地注意安全。

青少年將網路和手機科技視為連結同儕的生命線。不管我們喜不喜歡，這都是他們生活中真實存在的一部分。但同樣的科技也會使他們遭遇以下情形：

- ✔ 不妥的內容
- ✔ 網路霸凌
- ✔ 情色簡訊
- ✔ 線上性誘拐
- ✔ 身分盜竊
- ✔ 線上情色內容

　　網路匿名性使得許多青少年覺得自己能虛張聲勢且肆無忌憚，這促使他們做出在現實生活中不會做的事。多數的孩子認為自己無所不知，不會做出糟糕的決定，也能夠區分對錯。但孩子不一定都明白網路上的一個錯誤決定足以產生災難性的後果，也不知道網路上無法取消，更不能抹去任何決定。孩子不了解自己按下按鍵送出、輸入或上傳的內容，是幾乎無法被抹去的。在網路的世界裡，並沒有「取消」的選項。

　　根據可信的研究證據指出，與成人相比，青少期的孩子一般來說，尤其是男生，以其心智發展程度，較無法在個人安全和防禦上做出明智的決定。他們雖然精通科技，卻無法彌補正在發展中的大腦，也無法補償欠缺的成熟度和生命經

驗。同時,更小的孩子也正在使用網路及上網設備,因此與孩子的對話必須比以往任何時候都要更早開始。

⚠ 關於網路的十件事

那麼,當與孩子談論關於科技問題時,有哪些重要因子須要考慮?

1. 尊重和責任

若多數的科技使用者都能秉持尊重和負責任的態度,我們就不須要處理這麼多的網路問題。網路使用的基本觀念應是:人人皆須尊重自己和他人,並以負責任的態度使用科技。

這不是困難的概念,而是常識和普遍的行為準則。如果秉持尊重和負責任的態度使用網路,是不可能會傷害任何人或違反任何法律的。

我們需要孩子停下來問自己:我接下來要做的事對自己和別人是否尊重,是否為負責任使用科技的方式?

2. 網路是公共空間

不論去哪裡、做什麼，或如何建立帳號，事實就是任何在網路上的行為都是公開的。你打算藉由傳送的訊息或發布的照片做些什麼，以及實際上會發生的事，這二者通常有非常大的差別。每則線上通訊均可被追蹤查詢，並可再重新發表或利用，不管你同不同意。

即使你的帳號已設定最高隱私和安全性權限，知道怎麼破除的人仍然能取得你的帳號內容。**「網路隱私」其實並不存在，而較為適合的詞彙應是「網路安全」。你可以有很高的安全性，卻無法擁有絕對的隱私。**要記得的是，即使陌生人一開始無法看到你的帳號內容，你都須要考慮到你的「朋友」有可能刻意或不經意地將之分享出去。

無人能探知網路未來的面貌，亦無法知曉未來訊息的存放方式和地方。我們不知道網站是否會改變其使用者條款，又或者我們認為安全存放的訊息是否會用某種方式被傳播出去。就像世上許多知名人士近年的遭遇，如果某樣東西在網路上備了份，那麼在某個你最不想要或沒想到的時刻，這個東西又會出現。

就最近的 Facebook 和劍橋分析個資外洩事件來看，若

想知道我們的資料在哪裡或如何被搜集和使用，是一件很難的事。沒有人知道到底有多少的個資被記錄下來，又或者被標記的照片最後到了哪裡，甚至也無法知道是誰能在未來取得現在被保護的資料。最保險的辦法是在發表內容前先想一想，這樣才能防止散播也許在二十年或三十年後會傷害名譽或摧毀機會的內容。

3. 任何紀錄皆無法完全刪除──
你發表的內容永遠都會留在網路上

取消按鍵能解決許多的問題，電腦上的資源回收桶可在永久清空前儲存已刪除的檔案。然而，即使刪除了檔案，電腦專家還是能恢復幾乎所有的檔案。不管你是否能找到已經刪除或遺失的檔案，事實就是檔案仍在某處。手機也是同樣的道理。你傳送和接收的多數檔案均會被記錄和儲存，亦可能應要求交給執法單位（依循清楚定義的法律程序）。

即使是手機上刪除的訊息也可以恢復、解密，或者由檢驗技術專家轉譯成可讀的格式。搜尋引擎就像章魚的觸角伸向四周，並搜集所有可以找到的東西。而這些東西一定儲存在某處！

4. 網路匿名是不可能的事

不管你怎麼稱呼自己、建立哪些帳號,在網路上你永遠不是真的匿名。當然,這感覺像是匿名,你可以藏匿於假帳號或假名後,或使用虛擬分身,但如果有人真的想要知道某個電話號碼的主人 —— 不論是否屏蔽 —— 又或者誰創建了某個帳號,這都是可以做到的。全世界的警方在利用科技調查犯罪情事時,均有能力取得搜索令,並強迫網站、電信公司和網路公司交出身分資料。

5. 你永遠都會留下數位足跡

在網路上,凡走過必留下痕跡。你的數位足跡建構了你的線上名譽,所以你真的須要思考自己瀏覽的網站、發表的訊息、擁有的帳號,以及線上的交友圈。如果想要使用科技做不對的事,你遲早會被抓到,不可能完全不被發現(請參考第三章〈孩子的線上名譽〉)。

6. 網路行為決定你是誰

行為舉止很重要。行為舉止在網路上就和在現實生活中一樣重要,又可稱為「網路禮儀」。那麼你可以教孩子什麼樣的基本觀念呢?

- ✔ 要記得文字無法清楚傳達情緒，因此應注意自己的語氣。
- ✔ 表情符號還是有可能造成誤會。
- ✔ 大寫字母跟吼叫的意思是一樣的，請不要使用。
- ✔ 你如果不會在外婆奶奶面前罵髒話，那最好不要在網路上罵髒話。
- ✔ 不要在過度疲勞、情緒化、生氣、沮喪或酒醉的時候傳送訊息或電子郵件。你如果不能在傳送前冷靜地停下來想一想，那就等到隔天早上再說。
- ✔ 想別人怎麼對你，就怎麼對待別人。要記得，訊息一傳送出去，就不在你控制的範圍內了。
- ✔ 經驗法則是如果不會或不想對人或在街上說那樣的話，那就最好不要在網路上說。

7. 切勿分享密碼

雖然切勿分享密碼是很基本的觀念，但你還是會驚訝地發現有多少的孩子會這麼做。我不是在說身為家長的你不能知道自己孩子的密碼，而是很多孩子會利用密碼當作籌碼換取成為另一人的摯友。孩子想要變成某人的摯友，也想要有一個摯友，若只需簡單的密碼就能達成，孩子當然會不假思索地這麼做。他們推斷朋友可以信任，但事實是，通常會背叛他們的就是朋友。我們也知道網路上不懷好意的人如果變成某個孩子的線上摯友，通常得以獲取孩子的帳號密碼，而

導致黑函勒索和其他更為邪惡的事件發生。要教導孩子，密碼是祕密，只能與爸媽分享；如果有人想要知道他們的密碼，或者不小心告訴了別人，都必須跟父母說。

8. 沒有所謂安全的網站或應用程式

　　許多網站會宣傳自己的「安全性」，尤其是針對孩童的網站。家長因而容易產生錯誤的安全感，相信網站或應用程式裡有內建能保護孩子的安全設定。雖然某些網站的確比其他網站要來得安全，提供了各種安全和保護設定，但這些都只能片面協助提供一個更安全的網路環境。說到安全性，所有網站均得仰賴兩件事：

- ✓ 使用的安全性設定
- ✓ 使用者的誠實度和意圖

　　我們都知道現實中有許多人樂於欺騙弱勢，以滿足他們扭曲的慾望。就連一些孩子也知道可以用快速建立的帳號來網路霸凌別人。讓孩子瀏覽你所准許的網站，並謹記各種人都可能在那裡——好的、壞的、老的、年輕的等任何一種人。沒有所謂安全的網站，只有懂得自我保護的使用者。

9. 每個人在網路上都可變成任何人

　　決定自己想要變成什麼樣的人就是如此簡單。你只須造訪一個網站，再填入真實或假造的資料，就可以瞞天過海。不管那些網站說什麼，確認帳號持有人的細節是不可能的事，而且很多人會為了各種理由在網路上說謊。告訴孩子，有些人會在現實生活中撒謊，有些人會在網路上撒謊，你永遠不會知道對方是否就如同他們所說的那樣。

　　如果有年長的男性在店裡接近孩子，並說自己十四歲，他很明顯地是在說謊。在網路上，藏匿在螢幕背後假裝自己的身分則容易得多。不懷好意的人會竭盡所能和孩子有所接觸：他們會用變聲軟體讓自己聽起來像是少女或少男；網路攝影機也可能會顯示一個少男或少女，這些人拿錢坐在那裡假裝自己是說話的人。

10. 網路的世界有法律

　　在現實生活中的罪行，在網路的世界裡大半也違法。網路和濫用科技有明確的法律規定，通常警方不須證明犯罪的意圖。某項違法行為的發生就代表了犯罪的事實。若從國際的觀點來看待法律，就能知道各國即使有些許差異，在一個國家的網路罪行，在另一個國家八成也是犯罪。確保孩子知

道濫用科技或在網路上霸凌和騷擾別人會構成刑事犯罪。告訴孩子，交換未滿十八歲的孩童裸體自拍或其他情色圖片，會成為兒童性剝削的證據。民法的誹謗罪同樣適用於網路上（請參考第十章〈網路犯罪及相關法律〉）。

第 **2** 章

網路常識的養成
從家裡開始

管理好孩子的上網時間和內容，培養孩子良好的網路習慣。及早和孩子展開對話，理解孩子的同儕壓力和好奇心，同時應盡父母的管教職責。

現在很難在澳洲找到一個沒有任何網路的家庭。現今大部分的房子裡都有各種連結網路的設備。不論你的房子是否有最新的裝置，孩子依然會在學校、朋友家、當地圖書館等不勝枚舉的地方使用科技設備，因此你必須要在實行網路教養前了解一些資訊：孩子可以在網路上做什麼？我要如何保護他們的安全？我應該如何管理家裡使用的科技？

在二十一世紀，要作為一個稱職的家長就須要對於科技有足夠的認識。科技不是一時的風尚，孩子也不會就此「恢復常態」。就像其他事一樣，你須要和他們談論關於所有網路的問題。現實就是孩子已經全面地或者在不久的將來就會接觸到網路。當談論起科技，你需要足夠的認識，從中得到力量，並且掌握情勢。

⚠ 現實生活的教養方式同樣適用於網路

多數家長都能理解在現實生活中教養孩子的必要性。他們積極鼓勵孩子舉止得體、做明智決定、遵從規則和法律、不要跟陌生人說話等等。然而，不知為何，對於網路教養，父母並無以同樣嚴肅且視為必要的態度來對待。閱讀以下例子並想想你的反應：

- 孩子央求你讓他去朋友家的聚會。你知道孩子朋友的父母不在家，但孩子說朋友的哥哥會跟一些朋友在家，所以沒問題。也告訴你其他孩子的父母都信任他們、准許他們去，而他卻會是唯一不能去的人。
- 孩子想要舉辦十五歲的生日派對。你也頗贊同，只要參加人數限制在三十人。孩子接受這個要求，但又告訴你派對上會有酒精飲料，並尋求你的許可。顯然地，對你而言，這不能接受，所以你告訴他們派對上不能有酒精飲料。孩子回覆：如果這樣的話，沒有人會來參加。
- 孩子十一歲。他多數的朋友似乎都可在未監督的情況下使用網路，並可在設定清楚年齡限制的網站上擁有帳號。你無法理解這些朋友的家長（多數是你認識的人，你也覺得他們是稱職的父母）為什麼讓他們的孩子擁有 Instagram、Kik、 Facebook 和 Snapchat 的帳號，因為十三歲以下的孩童無法使用這些網站。你的孩子央求你讓他也建立一個帳號，他只是想要用 Snapchat 和 Instagram 跟朋友聊天和傳照片。「拜託！爸爸媽媽，拜託！」

當孩子想參加一場無人監督的派對時，大多數的父母能夠果斷拒絕他們的要求。不論還有誰會參加，他們都不會准許孩子在十五歲的生日派對上飲用酒精飲料。然而，一談到網路，某些家長就會變得優柔寡斷。他們不想或不會拒絕，又不想或不會承認網路問題的嚴重性，想要用最簡單的方式

處理，而讓孩子使用有年齡限制的網站。有些家長忙著當孩子最好的朋友，似乎忘了自己其實有家長的職分。許多父母會正當化他們的決定：「我堅持自己是孩子的朋友，而且我會監督他們的行為」、「我只是想讓他們在十三歲前先準備好」、「我不想要他們錯過這些」等等。那麼我要問你下面的問題：

- ✔ 你會帶孩子去酒館或讓他們喝酒，「只是為了讓他們先準備好」嗎？
- ✔ 你會讓孩子開車，「只是為了讓他們在拿到新手駕照前先準備好」嗎？
- ✔ 你會答應他們每個要求，不論危不危險，「這樣他們才不會錯過什麼」嗎？

當然你不會。不論其他人怎麼做，所有產生的問題都是你和孩子要面對的：附帶的結果、傷害或難堪，及法律問題。多數家長低估了潛在的網路問題，但之後很快就會學到教訓。所以不要變成一個後悔的家長，一個無法或不想說不的家長。孩子一定會在網路上犯錯，就像在現實生活一樣，而幫助阻止那些錯誤的發生是我們的職責。

開啟對話

保持開放且誠實的對話是將許多網路問題降到最低的關鍵。你等得愈久，對話就變得愈困難。以下是讓這些對話成功的訣竅：

○ 去深入了解任何想要談論的事；知識就是力量。

○ 對你的知識和身為家長的能力要有信心。

○ 提早開始，或在意識到須要改變的時候開始。

○ 保持冷靜，而非生氣、疲憊或煩躁。

○ 對孩子誠實。

○ 用適合孩子年齡的方式解釋背後的原因。 要預期較為年長的孩子會反抗，但必須堅持下去。

○ 尋求其他家庭成員、祖父母和老師的支持。齊心協力會讓每個人都輕鬆許多。

○ 一開始就秉持嚴厲的態度，之後就能稍微放鬆。這比起太過鬆懈後試著控制情勢好得多。

○ 訂有清楚的規定、期望和限制，並解釋原因（請參考附錄〈親子線上安全協議〉）。

○ 如果一開始不成功，那就再試一次；不要放棄。

○ 要記得，這一切不是為了現在，而是為了未來。

⚠ 儘早培養良好的網路習慣

及早培養良好的網路習慣非常重要，另外，若是對使用瀏覽設備立下清楚的規定，孩子的網路經驗就愈加安全和充滿樂趣，父母也更加不必擔心。

網路霸凌、情色簡訊、線上性誘拐、不妥內容及線上名譽的損害都是青少年在網路上最常遭遇的危害。孩子可以是被害人，也可以是迫害人。因此，很重要的是，你必須了解每個個別的問題。這關乎風險。若置己身於危險的境地，風險就愈大。

你可以教導孩子的基本網路安全規則如以下：

- ✔ 千萬不可告知名字、地址或年齡給網路上要你這麼做的人。
- ✔ 千萬不可公布自己的電子郵件地址或帳號資料。
- ✔ 千萬不可以年齡或出生年份作為顯示名稱或電子郵件地址。
- ✔ 不使用具性暗示、輕浮或吸引人注意的電子郵件帳號或顯示名稱。
- ✔ 不使用具性暗示、輕浮或冒犯人的頭像。
- ✔ 人人都可在網路上變成任何人，世界上會有某些人假裝成別人。

- 如果有人在網路上問的問題讓你不舒服，或者詢問你的姓名和住址，你一定要告訴父母。
- 如果有人在網路上要你在網路攝影機前把衣服脫掉，你一定要告訴父母（這段對話須以適合孩子年齡的方式進行）。
- 不管這個人對你有多好，在現實生活中不認識的人都是陌生人。
- 在網路上要有禮貌，勿使用不雅的語言或留下冒犯的評論。
- 不去瀏覽未經允許的網站。
- 如果你害怕、沮喪或看到自己知道不該看的東西，停止瀏覽，並向大人說。
- 千萬不要在父母未准許下建立帳號或下載應用程式。若你年齡不達限制標準，則不論是否父母准許都不能這麼做。
- 秉持尊重和負責任的態度，盡興使用科技。

⚠ 管理在家的上網時間

我常被問到孩子晚上可上網多久，或是他們玩特定的遊戲可以玩多久，又或在晚上玩遊戲的他們何時應該下線。這些問題沒有一個簡單的答案；答案取決於各種各樣的考慮，如孩子的年齡、網站本身、家庭狀況和其他影響因子，包括疾病、假期或是上學期間等等。然而最重要的是內容，即他

們在網路上到底在做什麼。根據世界上大多數的學術研究，以健康福祉為考慮，以下準則可作為合理瀏覽時間的參考（包括電視、iPod、iPad 等）：

兩歲以下	無瀏覽時間
兩歲至五歲	一天不超過一小時
五歲以上	娛樂性質的瀏覽時間一天總共不超過兩小時；教育性質的時間另外計算，並取決於孩子的年齡

　　連續電視節目兒童研究機構（Telethon Kids Institute）的澳洲學者唐納克・勞斯（Donna Cross）教授近期在一項相關領域的詳盡研究裡同意兩歲以下的孩子皆不應有任何的瀏覽時間。然而，當孩子逐漸長大，或者當學校開始在日間使用電子裝置，並期待學生用這些裝置完成作業時，這些準則將會變得不合理。

　　重要的是要了解孩子在上網時間的瀏覽內容，並理解其益處和壞處。澳洲心理學家喬瑟琳・布魯爾（Jocelyn Brewer）利用「數位養分」的概念來讓家長更加理解所謂的上網時間。她認為上網時間就像食物，有營養的上網時間，也有不怎麼營養的上網時間。你可以在她的網站找到更多資訊（wwww.digitalnutrition.com.au）。

對我而言，重點在於平衡。試著去平衡一定會發生的事和孩子希望發生的事。在對與科技任何相關的事物訂下時間限制前，先想想是否有其他的需求得要考慮。孩子有作業要做嗎？放學後的運動或音樂？你要出門參加家人的慶生活動嗎？孩子是否感覺疲累或不舒服？這些事每一次都要考慮。只要留下一些喘息時間，設定時間表就會是件好事。對於專門用來上網的時間要訂下重要的準則和期望，並做出定義。一當科技使用對你的家人產生負面的影響時，你就必須採取行動。若孩子違反了規則，收回他們使用科技的權利是很重要的，然而，彈性也很重要。

管理上網時間的小訣竅：

- ✓ 訂定親子線上安全協議（請參考附錄），配有罰則與獎勵機制。
- ✓ 針對每個孩子制定每週時間表，並先填上不可商量的項目，如運動和家事等。切記建議的時間限制。
- ✓ 將在網路上寫作業的時間和上網社交的時間分開，才不會把二者搞混。
- ✓ 制定每晚寫作業的時間，可以分成專門用來寫作業、專門用來閱讀，或專門用來複習的時間等等。
- ✓ 將孩子最喜歡的電視節目放進時間表裡，尤其是你們全家人都會看的節目。

- 制定專門用來在外頭玩耍的時間或不使用科技的家庭時間。
- 制定孩子在網上的娛樂時間，包含線上遊戲和社群網站。某些夜晚可能限制三十分鐘，某些夜晚則沒有娛樂時間，週末或假日娛樂時間可拉長。要確保前提是重要的事都已經完成。
- 秉持清楚堅定的態度，但也要有彈性。如果孩子因為運動訓練導致一個晚上沒有使用網路，那就讓他們在隔晚補回這段時間。讓他們花額外的三十分鐘玩合適的網路遊戲，以此獎勵他們週間良好的上網表現。相互退讓是必須的。
- 確保在孩子睡前三十分鐘關閉所有螢幕，這能確保他們的大腦在睡眠時充分放鬆下來。電子裝置的刺激，如看電視或使用電腦，已被證實會干擾入睡和保持睡眠的狀態。

美國兒科學會（American Academy of Pediatrics）的網站上有一個很好的計算工具，你可以使用這項工具來試算孩子的上網時間是否平衡。你可以輸入孩子每項活動的時間，如學校、運動、睡眠、吃飯、玩樂等等，再計算剩下多少可以上網的時間。

此計算工具的網址為：www.healthychildren.org/English/media/Pages/default.aspx#calculator

某些家庭認為以第三方程式來監督和管理孩子的科技使

用情形是有效的，其他人則不這麼認為。我時常被問及推薦哪些程式，我的答案是「家庭網路安全程式」（Family Zone Program）。家庭網路安全程式可在學校或家庭中一起或分開使用，有些學校已有裝載這套程式。此套程式可協助各家庭管理孩子的網路使用情況，並可管理過濾內容，制定孩子使用社群網路的時間長度，亦可管理總體的上網時間。此外，也能管理或改變任何連結家中 WiFi 的裝置設定，包括智慧型電視和遊戲機，蘋果系統（iOS）、安卓和微軟系統皆適用。詳情請見 www.familyzone.com 或至 www.fzo.io/cybersafetysolutions 註冊。如果你在此網站上選擇我作為你的網路安全專家，你會取得我的建議和設定。

如果我可以提供給每個家庭都能接受和使用的網路安全範本，那當然最好。但這想法並不實際。每個家庭都是獨特的，有各自不同年齡和成長階段的孩子，父母或照護者也各自擁有不同程度的知識。科技在每個人的生活扮演至關重要的角色，尤其是青少年。然而，就像所有其他的事，科技的使用必須要找到平衡和建立管理機制，並因應各年齡和發展階段的需求。

⚠ 這樣管控太嚴格？

在很多問題上，長子通常會比較容易管理，包括酒精、派對、外出或科技使用情形，因為他們沒有哥哥姊姊在做不適合他們年紀的事。如果孩子交的朋友也是家中較為年長的孩子，他們就不會在年紀還小的時候接觸到各種有風險的行為。然而，如果孩子是排行老么或他結交的朋友都有年長的手足，這個局面將變得非常不同。當他們看到哥哥姐姐能做，就很難一直告訴他們不要做。較為年幼的孩子不能理解為何年紀太小不能做，他們也想要和哥哥姊姊一樣。

要確保孩子知曉規定就是規定，沒有例外。譬如說，如果不能在家觀看限制十五歲以上的電影，那麼他們也不能在朋友家看這樣的電影。如果在家不能上某些網站，那麼在朋友家也不行。這就是為什麼家長應該要協力幫助彼此，而非唱反調。不過，一如既往，每個孩子的家庭都可能有不同的價值觀，家長監督的程度也不同或甚至完全沒有在監督，又或者有些年長的手足喜歡給較年幼的孩子看一些「有趣」（恐怖或情色）的網站。

如果孩子要去朋友家玩，請考慮以下：

- ✓ 我認識另一個孩子的家長嗎？
- ✓ 我知道孩子們屆時會做什麼嗎？
- ✓ 我知道有誰會在孩子朋友家裡監督他們嗎？
- ✓ 他們知道我希望孩子如何使用科技產品嗎？（請確保你把這項考量好好表達出來）
- ✓ 讓孩子知道如果朋友在觀看可怕的影像時，他們可以假裝生病（腸胃不適是好理由），並請你來接他們，不必感到沒面子。

這些都是在孩子赴約之前須要釐清的重要課題，而不是在發生問題以後才去思考。確保別的家長知道你的期待，如果你覺得他們不尊重你的決定，那就不要讓孩子去。最終孩子的安全是掌握在你手中，任何產生的問題都必須由你來解決。

除了支持彼此，家長也應該支持孩子就讀的學校。我感到特別遺憾的是某位小學校長告訴我，有一些家長不願意相信特定網站存在潛在危害，或者不相信他們應該遵守年齡限制，並不讓他們未成年的孩子上這些網站。若家長與老師互相較量，是無法幫助到任何人的，尤其是孩子。

以下是受挫的家長在試圖為孩子與其線上活動做出正確的事時所獲得的感想：

當身邊很多孩子可以自由使用社群網路時，做家長變得很困難。我的女兒幾個禮拜前舉辦了慶生睡衣派對，來了四個朋友，他們討論起了 Instagram，就對我女兒說：「妳是唯一一個沒有帳號的人，妳是格格不入的那個人。」

我不准許我的孩子在適合的年齡前使用 Instagram，但如果有這麼多家長跟我做相反的事，情況就會變得更加棘手，有些家長讓孩子在九歲的時候就可以擁有帳號。當我實際上是想要當一個顧慮到孩子未來的好人時，我卻看起來像是壞人。太多的家長在「現在這個時刻」迷失。他們想要現在讓孩子快樂，所以現在就想給孩子他們想要的。然而，我們養育的是未來負責任的成年人，我們的決定都是為了未來，而非現在！

⚠ 遵守網站的年齡限制規定

我女兒很多朋友都有 Instagram，但鑒於網路圖片使用的數據令人擔憂，我堅決不讓女兒使用。

————一位十一歲女孩的母親

這位母親的理由頗為合理，但是十一歲的孩子之所以不應該使用 Instagram 的主因應該是，建立 Instagram 帳號的

合法年齡為十三歲，這是清楚寫在使用者條款上的。這件事很簡單，也並非可以商量的事。有其他的問題可以用來鞏固這個理由，但一個網站設有年齡限制，就是不爭的理由。

如果你看過或聽過網路問題及孩童的相關媒體報導，你一定會聽到 Facebook 被提及。許多家長對 Facebook 抱持著深根蒂固卻無根據的恐懼，並大力避免孩子使用這個網站，這通常會導致其實可輕易避免的爭論。在現實中，與所有社群網站相比，Facebook 有一些最好的安全設定。問題是，孩子不知道這些設定也不去使用，他們依舊會答應不認識的人傳來的交友請求。發生問題的時候，他們不一定想告訴大人。家長通常不知道正確的安全設定，因此也無法提供孩子指引（請參考第三章〈社群網站〉）。

很多家長會做出妥協，容許年幼的孩子上那些他們覺得沒問題的網站，或是孩子及其他不了解情況的家長說服他們這麼想。很多人不了解 iPod 和 iPad 上的應用程式可用來交友聊天，這些程式也同樣危險，在許多情況下會構成更多的危害。任何可用來聊天的應用程式、遊戲或網站都有風險，其中某些則特別多。只是單純地拒絕孩子不會有效。利用詳細研究的事實來證明你的論點，孩子多半能夠理解。了解情況並有自信地立下關於在家使用科技的規則和限制只是第一步。孩子也會在外面使用科技，你不在的時候，希望在沒有

你的看管以及規則下，你灌輸孩子的價值和知識能對他們有利。

你如何查驗遊戲、
應用程式或社群網路的帳號是否適合孩子？

- ✓ 在網上搜尋該遊戲或應用程式，瀏覽所屬網站。
- ✓ 網上簡易搜尋：「XXX 對孩子而言安全嗎？」
- ✓ 閱讀網上關於該網站、應用程式或遊戲的文章。
- ✓ 檢查年齡限制。多數不允許未滿十三歲的孩子使用，有的年齡門檻更高。這是在使用者條款中具有法律效力的規定。
- ✓ 如果是網路遊戲，查看家長頁面的資訊。對於號稱「網路上最安全的地方」或類似的言詞抱持懷疑的態度。
- ✓ 檢查安全性設定。有任何這樣的設定嗎？孩子可以封鎖別人嗎？他們可以選擇不要和某些人聊天嗎？陌生人可以聯繫孩子嗎？你要怎麼通報問題？
- ✓ 閱讀其他關於該遊戲或應用程式的評論，看看其他家長怎麼說。
- ✓ 在 iTunes App 商店上搜尋該遊戲的年齡分級或在 Google Play 商店上搜尋內容分級。這樣的分級只是參考用，就像電視節目和電影分級，但這是很實用的起始點。當你允許孩子使用某個應用程式時，如果只是因為別人也有，並無法構成一個合理或理智的理由。

- 確認「免費」是否真的免費。某些應用程式可以免費下載，但很多在遊戲進程中會要求付款或提升使用體驗。先搞清楚這件事，不要將你的信用卡連結到一個持續須要付款的商品上。孩子不理解花費的概念，按幾下按鍵就可能等於幾百塊錢。
- 造訪網站像是「常識媒體」（Common Sense Media：commonsensemedia.org）了解關於遊戲和應用程式真正全面的最新消息。
- 下載或安裝該遊戲，然後自己玩看看。在社群網站上建立帳號，檢查安全性設定、互動和遊戲內容後，決定是否適合孩子。他們有足夠的成熟度了解遊戲的互動嗎？其他人能夠聯繫孩子嗎？有誰試圖聯繫你？

為什麼要當一個拒絕孩童使用有年齡限制的應用程式、遊戲和網站的家長？

- 因為保護孩子是你的責任。
- 因為其他孩子所能做的不應該影響你的判斷。
- 因為網路並非孩子的遊樂園。
- 因為有前車之鑑。
- 因為預防勝於治療。
- 因為任何可以拿來聊天的裝置、網站、遊戲和或應用程式都可能對孩子構成危害和風險。

- 因為戀童癖使用應用程式來性誘拐孩童的現象已普及到令人擔憂。
- 因為如果更多家長說不，並且拒絕讓年幼的孩子使用有年齡限制的網站，孩子就不會變成受害者。

近來，在澳洲和世界各處出現一連串與 musical.ly 有關的逮捕。 musical.ly 是一個看起來無害的應用程式，兒童可以用此對嘴唱歌，並攝影上傳自己的影片給他人觀看。此應用程式極度薄弱的安全性，使其變成網路色狼的首選之地。許多受害者的年齡介於八歲到十一歲之間。

　　如同現實世界，網路也可能是危險的地方。我們給予孩子建議與指引，也教導他們關於現實世界的良善與邪惡。我們不會只專注於負面的事，確保孩子能知曉每種面向的基本知識。同樣的概念也應該適用於網路的教養方式。雖然你無法百分之百確保孩子的網路安全，就像你無法在現實生活中完全保護他們的安全，但你必須盡力去做。你要堅定自己。知識就是力量，在閱讀此書的過程裡，你將會撥雲見日，學習到成功的網路教養方式。

第3章

孩子的線上名譽

在網路的世界沒有「取消」的選項。任何在網路空間留下的文章、評論、影像、通話紀錄等,都會成為無法移除的數位足跡,能直接影響孩子的名譽和形象觀感。

若人們在網路上搜尋你的孩子的名字，會找到什麼？
Google 或其他搜尋引擎上存取了什麼？孩子的社群網路檔
案、頭像、圖片或發表的評論，甚至是他們在網路上的「朋
友」，不管是否是真的朋友，都可以反映出孩子的特點。如
果用 Google 圖片搜尋，是否會找到他們難堪或私密的照
片？學校電子報、運動俱樂部的網站、舞蹈比賽、運動競賽
或獲得的獎項？當電子郵件地址成為他們給別人的第一印象
時，人們會對他們有什麼看法？孩子在網路上做的事、發表的
內容及參與的事情都很重要，這些對於未來的他們更加重要。

　　對於現今的孩子和青少年來說，他們在未來爭取機會的
成敗與否端看他們的線上名譽。到時候，不是幾個有力的推
薦人為他們說幾句好話就夠了。並且，若等到爭取機會的時
候才開始思考自己的數位足跡，實已無益。就像先前探討過
的，網路是恆久的，當某樣東西被放在網路上，就幾乎不可
能刪除。孩子的數位足跡塑造他們的線上名譽，換句話說，
人們對孩子的印象取決於孩子在網路上留下的東西。

　　我與企業、菁英運動團體、媒體和學校等各種組織均有
合作。他們告訴我，比起從前，現在更常搜尋申請人的資料。
對他們而言，能力和技術很重要，但同樣重要的是，申請人
是否給人正直、明智、靠得住和誠實的印象。潛在雇主在決
定是否給予你的孩子機會時，他們會先在線上搜尋他們的資

料。若他們不喜歡所搜尋到的資料，這個機會就會給與那些線上名譽較為正面的人。你大可爭論這個決定的公平性，抑或人們是否過於主觀或急於下結論，不論如何，這就是現實。現今職場更加競爭，年輕人追求的機會，如實習、見習和就業，都是留給那些數位足跡相對良好且正面的人。

這裡有個很好的例子：一個八年級的女孩去面試某項音樂獎學金。過程中的第一階段是證明她的音樂才華，她輕鬆通過，晉級到下一階段。在參加下一輪面試前，她被告知：「下次來之前，先上網搜尋妳自己，把網路上所有跟妳相關的搜尋結果印出並帶過來。我們也會做同樣的事，而且我們預期兩份結果會一樣。」僅僅八年級的女孩就已必須因自己在網路上的行為受到評斷。你應該去想想自己在網路留下的痕跡，並想想必須採取什麼行動來清除這些行為，因為做這些事永遠不嫌早，也永遠不嫌晚。

⚠ 什麼是數位足跡？

線上名譽這個概念在十年前根本就還不存在，但當時大家使用網路的時間並沒有久到可以留下足跡。而現在，線上名譽的建立不需太多時間。

孩子的數位足跡可在網路上很多地方找得到：

- ✔ 電子郵件地址的用字
- ✔ 履歷或線上申請表
- ✔ 社群網站的頭像，如 Facebook、Instagram 或 Twitter
- ✔ 社群網站上的朋友
- ✔ 網頁上「讚」的次數
- ✔ 在 Google 等搜尋引擎（電子報文章、期刊、部落格或評論）用他們的名字搜尋到的內容和圖片
- ✔ 瀏覽的網站，包括部落格和他們曾經或現在擁有的不同帳號
- ✔ 手機上的藍芽顯示名稱
- ✔ WiFi 熱點名稱

自 MySpace 於二零零三年問世以來，社群網站即開始蔚為風潮。Facebook 成為世界上最受歡迎的社群網站，每個月有二十二億個活躍用戶。現今流行的應用程式也包括 Twitter、YouTube、Instagram、Kik、Snapchat、WhatsApp、Yubo、Sarahah 和 Melon，再加上使用網路攝影機的應用程式如 Skype、YouNow 和 live.ly，更不用說孩子在線上玩的各種遊戲。從這裡你可以看出數位足跡是多麼容易被留下。孩子的一舉一動、圖片、文章、評論和通話都被儲存下來，成為他們獨一無二的數位足跡，無法消除。

在網路上分享孩子的一切會造成什麼影響？

孩子並非自己開始建立數位足跡的，這個現象很有可能肇因於父母。父母總是很常沈迷於在網路上分享孩子各種令人驕傲或不這麼體面的時刻，卻沒有意識到或沒有完全了解這樣行為所可能帶來的長期影響。

- ✓ 你是否會發布未出世孩子的超音波照片？
- ✓ 你是否把孩子生活的各個面向都寫在部落格上或對之做出評論？
- ✓ 你是否會在網路上分享孩子生活的各種時刻？
- ✓ 你是否會與全世界分享孩子有趣（難堪或尷尬）的時刻？

倫敦政治經濟學院與其歐洲孩童網路研究計畫（EU Kids Online）的一項研究發現：

很多未滿九歲的孩子在出生之時就在網路上留下了最初的「數位足跡」。這些年輕的孩子將會是終生受到數位時代積累影響的第一代。他們會繼承從父母開始就已建立的數位檔案，這些父母通常認為這些訊息仍然保有發表當下的隱私和安全性，或是他們在發布孩子的超音波照片或醫生報告時，根本沒有想過這些問題。

我在 Instagram 追蹤了幾個女性用戶，只因為她們的所作所為經常提醒我什麼是不該發表的！上個禮拜，其中一個女人一如往常發布了三個孩子如廁訓練的照片。這個帳號是公開的，有上千名追蹤者，而這些孩子的母親也被標記。就在今天，同一個人又上傳了兩個孩子裸體的照片，標記為「海灘小屁股」。她到底在想什麼？她顯然沒有想太多，而且根據追蹤她的粉絲評論來看，他們根本也不知道這個行為潛在的不良後果。

父母常常讓孩子難堪，譬如土氣的爸爸穿著俗氣衣服做著不適當的評論，或嬰兒時期的裸體洗澡圖被放在孩子二十一歲生日的幻燈片裡展示。不同於過往，曾以紙本儲存的資料現在永久存放於網路上、網站上或雲端硬碟裡。孩子成熟到能理解這一切的運作，才有替自己發聲的權利，但到這個時候就已太遲，他們只能默默忍受。

當你在網路上發表關於孩子的事情前，先停下來想一想：

- ✓ 我是否關閉了網路定位，如此一來詮釋資料才不會被讀取（詮釋資料讓人們能找到照片拍攝的實際地址）？

✓ 我的帳號是否設定為最高安全性，只容許一小群可以信任的朋友擁有瀏覽權限（不設為公開或公開給朋友的朋友）？

✓ 我會希望當自己在童年時做著同樣的事的時候，別人對此拍下的照片或做出的評論刊登在全國性報紙的頭版上嗎？我會感到難堪嗎？我的雇主會怎麼想？

✓ 這樣的圖片是否可能在我沒有准許的情形下被拍攝並以不當的方式使用（用來宣傳產品或遭到線上色狼的使用和分享）？

　　當說到孩子的數位足跡時，父母扮演著不可缺少的角色，即便稍早提到的研究指出了很多父母的目光短淺。可愛寶寶的洗澡圖在直系親屬間很受歡迎，但這張照片如果被儲存在網路色狼的電腦裡，就可能產生邪惡的聯想。同樣地，當一個可愛的小寶寶長大成青少年時，他們會喜歡自己洗澡裸露的照片被放在網路上給所有人看嗎？

　　你是否知道在簽下學校、運動或跳舞活動的「同意公開」表格時，自己實際上許可的內容是什麼？如果你不希望孩子出現在網路各處，你大可說不。同意公開表格的用字通常很含糊，並且不會詳述內容會公開在哪裡。有些學校仍然沿用以前那個年代的表格，當時孩子的照片只會被刊載在當地報紙或學校雜誌上。學校和運動俱樂部的電子報通常會發表在網路上給大家看，而這其中的多數組織也有網站和社群

網頁。學校和青少年組織必須要制定一個程序，確保他們照看的孩子不會在父母並無許可的情形下被拍攝。

要清楚知道你簽下的任何東西如果跟孩子照片或姓名公開有關，必須提到下列內容：

- ✓ **內容會發表到哪裡？** 這項必須清楚註明，包括紙本通訊報、網路的電子報、網站、Facebook 網頁或當地報紙，並應提供你以下選擇：擇其一、其中幾項、完全不要或全部。
- ✓ **孩子會怎樣被提及？** 你只想要公開他們的名字（不含姓）、姓名、年齡，還是隊伍名？如果照片刊出時沒有名字，你會高興嗎？你一定要有能力選擇最適合的組合。
- ✓ **照片會被用來作為商業用途嗎？** 如果他們計劃利用你孩子的照片宣傳該組織，他們必須要有簽名許可。

最近我看到一封電子郵件，是寄給籃網球代表隊少女的家長們。郵件要求這些父母為一場即將舉行的競賽拍攝照片，並把照片傳送到 Snapchat（沒有提到公開許可或某些女孩會是法庭裁定登記的對象）。他們也鼓勵女孩追蹤俱樂部的 Snapchat 帳號，儘管申請帳號的年齡限制為十三歲，這些女孩的年齡都還不到。這些母親們感到不舒服，並在我的建議下告訴聯盟她們的想法和這樣的做法有

> 多不負責任。我也向管理機構進一步了解此事，他們對此的確感到憂心！

對於孩子和青少年而言，在線上發表消息之前須要先想一想，已經夠麻煩了。但是，當孩子長大成青少年時才發現其他人，也許是爸爸媽媽，實際上已經為他們建立了數位足跡，並且他們不能輕易地用恢復按鍵擺脫不想要的東西，這件事才會讓許多青少年感到恐懼。

所以數位足跡長什麼樣子？它又能如何塑造你的線上名譽呢？

⚠ 電子郵件

許多人會爭論孩子是否應該有自己的電子郵件地址。對於年輕的孩子來說，我建議讓他們在一開始上網的時候先使用家長的電子郵件。如此一來，很多經由電子郵件出現的垃圾信件會先到家長這邊，他們需要你幫忙才能登入，這代

表你看得到他們在做什麼。你可能很想要相信自己的孩子，但不要這麼做！這樣的風險並不值得，尤其是小學生，除非孩子用的是學校信箱。現在電子郵件愈來愈普及，但使用電子郵件有其規則和步驟，他們不能在學校以外用電子郵件建立社群或遊戲帳號。孩子上中學前，要管理好他們的帳號，然後慢慢在有清楚的使用規則下將控制權移交給孩子。之後，你還是須要參與其中。

要記得許多電子郵件帳號都有十三歲的年齡限制，包括 Gmail 和雅虎，即使二者現在提供家庭帳號的選擇，Google 對教育性應用程式也設立了例外的使用規定。

給他人的第一印象，就在帳號名稱！

你知道孩子的電子郵件地址嗎？如果不知道的話，為什麼不去了解？孩子可以充滿創意，但不盡然都是好的方向。電子郵件地址通常是人們對你的第一印象，而我們都知道第一印象很重要。在看到你的孩子的電子郵件地址時，人們會有什麼樣的設想？以我的經驗，我知道女孩通常喜歡表現性感、喜歡調情，也喜歡吸引人注意；表現她們很酷、有巨星風範的意味都會出現在電子郵件地址裡。男孩通常喜歡描述身體部位、評論他們的性能力或玩文字遊戲。當然不是所有的孩子都會這麼做；多數的孩子只會使用自己的名字、自己

名字的組合、寵物的名字或暱稱。但不要只是猜測，你要實際去看看。

　　一名墨爾本的老師用電子郵件地址 bigtits（波霸）@xxxx.com 寄給學校校長她的工作申請。遺憾的是，這無法提升她的信譽或宣傳她的教學能力。去年我收到一封來自 ruby_pedo（露比＿戀童）@ xxxx.com 的信，是一名新聞學的學生為了一項作業想採訪我。我查詢確認 pedo 不是她的姓氏後就問她為什麼要選這個名字。她回答：「天啊！很糟對不對！這是舊帳號，我大學帳號的收件匣太滿了，所以只好用這個舊帳號。我沒有想太多！！！」這差不多就總結了整件事……他們常常不會想太多。然後我也收過一位爸爸寄來的信，他兒子的郵件地址是 bigdik46（大屌 46）@xxxxx.com。也許他的名字是理查，而且很高？

　　對女孩而言，電子郵件地址像是 hotgroovychicksexybabe97（時髦辣妞性感寶貝 97）@xxxxx.com 在朋友間可能很好玩。我很確定 Facebook 不會因為有人用這帳號註冊而有絲毫煩擾，但未來的雇主可能不會這麼想。

墨爾本一間國際招聘公司告訴我幾年前：「我們公司須要在亞洲招募六千個員工。二萬四千人申請這些職位，百分之十九點五的申請信我們根本沒有打開，原因是我們不喜歡他們的電子郵件地址。」

　　這樣算是太嚴厲還是參雜太多道德評判？答案其實不重要。重要的是，這些實際情況是可以避免的。

什麼樣的帳號比較合適？

　　對成年人而言，電子郵件地址使用全名像是susanmclean@是沒問題的，但對於年幼的孩子，要選擇不會完全暴露身分的帳號，譬如 smclean 或者 s_mclean。電子郵件地址不顯示使用者的個資，如年齡或性別，對於保護孩子的線上安全是很重要的。如果你須要加數字，那就加一個隨機的數字，但要避免使用六十九！千萬不要使用出生年份，因為這樣會洩漏帳號使用者是小孩，也不要使用像是 cuddlybear（毛毛熊）、fluffy cat（毛毛貓）、和 cookiemonster（餅乾怪物）等名稱。不管選擇什麼樣的名稱，記得要適當且尊重人，不要試圖搞笑，因為通常會產生反效果。

⚠ 手機藍芽顯示名稱和 WiFi 個人熱點名稱

要確保自己知道孩子的藍芽和 WiFi 顯示名稱，並確認名稱是否恰當。在藍芽功能開啟的裝備上進入設定，打開藍芽並搜尋。這樣可以尋找搜尋範圍中所有開啟藍芽的裝置，藍芽顯示名稱也會出現在螢幕上。以下例子是我在澳洲的學校找到的名稱：

- ✔ 我是色狼
- ✔ 我是當地的戀童癖
- ✔ 性感拉克蘭（結果發現這是某副校長的手機，很尷尬）
- ✔ 我有十英吋長
- ✔ 性感潑婦
- ✔ 蕩婦的手機
- ✔ 純素蕩婦

以下是可疑的 WiFi 名稱，雖然我很確定主人覺得這些名稱很有趣：

- ✔ 要密碼的話就大叫陰莖（這是我在雪梨機場的澳洲航空公司休息室要連上 WiFi 的時候找到的）
- ✔ 我是戀童癖

- ✔ 手機爆炸裝置（這是某乘客在飛機上下載機上娛樂應用程式時找到的，所有乘客因此必須被疏散）
- ✔ 倫敦聖戰士（也是在飛機上找到的，導致非常久的延誤）

⚠ 社群網站

網路空間無隱私，善用安全設定很重要！

雖然 Facebook 提供一些很棒的功能讓用戶能夠限縮資訊的分享範圍，僅限於好友，然而絕大多數用戶並不在乎、不知道方法、不想花時間將帳戶設定為私人，或他們以為自己的帳戶已設為私密，但之後才發現其實並沒有。很多其他熱門的社群網站，像是 musical.ly 和 Snapchat 提供有限的安全和隱私設定，所以在這些網站上發表的內容真的就是任由其他使用者取用。

事實就是，網路上是不可能有隱私的。你可以設定各種程度的安全性，可以限制誰能看到哪些內容，但僅限如此。你仰賴的是你 Facebook 好友之中沒有任何一個人會跟其他人分享你的資訊。雖然能夠信任你的朋友聽起來很好，但就像許多人所經歷的一樣，你會發現其實不能總是這麼信任朋

友。從這個角度想：如果孩子在 Facebook 上有六百五十個好友（多數青少年的好友數大概這麼多，而某些人的數目可能多更多），而他的每一個好友假設說都有五百個好友，那這樣就有三十二萬五千人可以聯繫到你的孩子。這只能用危險兩個字來形容。

另外值得注意的是 Facebook 對於十三到十七歲的用戶有不同的預設安全設定，比成人帳號還要嚴格。要正確設定孩子的帳號，並使用網站提供的各項安全設定。如果我在 Facebook 等社群網站搜尋你的孩子，我看到的應該只是一個名字、頭像和封面圖片。

Facebook 的安全性

用以下步驟幫助你的青春期孩子，保護他們在 Facebook 上的名譽：

- ✓ **頭像和封面圖片要合適恰當**。不要用愚蠢的自拍，別人看到這樣的照片只會覺得你看起來不是很聰明。也不要用挑逗的海灘照片。你可以用無法辨識的照片，譬如你的寵物或海灘的夕陽。要記得，這會是人們對你的第一印象，可以選擇給予一個正面形象，要不然就是照片都不要放。
- ✓ **查看孩子的好友**。在看過孩子頁面的照片以後，下一步是

查看他們所有現實和網上的好友，以及孩子在好友的頁面上可以看到的內容。

- ✓ **不公開孩子的好友名單**。這能防止其他人根據這些好友的形象好壞，來評論你的孩子。隱藏好友名單的另一個原因是要避免他人看見他跟你的孩子有共同朋友，如此一來，他們才不會透過那位共同朋友去看到孩子的頁面。這樣的行為不違法，但道德上有疑慮。

- ✓ **保護照片**。孩子頁面上的照片應該設定成只有朋友看得到，千萬不能設為公開或開放給朋友的朋友。但是要記得任何事皆無法保有真正的隱私，所以你可能會發現自己難堪的照片現在已存於網路，用 Google 圖片搜尋找得到，或者你的照片被某個所謂的「好友」分享出去。如果你不想要這張照片刊在報紙的頭版，那就不要放在網路上。

- ✓ **了解標籤功能**。要確保你能管理標籤功能的選項，這樣一來，孩子就不會被標記在一個也許難堪或尷尬的情境，然後被散播在網路上，人人皆看得見。如果孩子想讓別人標記自己，那就設定讓他們能預先審核標籤。這適用於被標籤的照片，也適用於定位功能的標籤。你當然可以選擇完全不被標記。

- ✓ **查看孩子按的「讚」**。確保孩子按「讚」的內容是他們真心同意的。雖然很多家長不知道，但 Facebook 上有些頁面含有危險、無禮且有害的內容。多數孩子會因為朋友按「讚」也跟著按「讚」，而且他們通常不會查看自己真正牽

扯上的是什麼。要記得，如果你按了「讚」，你就是告訴全世界你百分之百同意頁面上的內容。家長應該定期查看孩子按的「讚」，跟孩子討論他們按「讚」的內容，並向他們解釋跟某些頁面有牽連的後果，尤其是那些參與不法活動或有不敬行為的頁面。

Instagram 真的安全嗎？

Instagram 提供公開或私人帳號的選擇。很多孩子擁有公開帳號，這代表他們可以累積追蹤人數，可以看起來比其他青少年更「受歡迎」。有些孩子的帳號設為私人，但如果你問他們有多少追蹤人數，就像我最近詢問的一樣，他們會說有成千上百個。這個網站完全沒有安全的使用方式，家長會誤以為 Instagram 很安全，是因為他們以為私密就代表安全。**確保關閉 Instagram 和攝影機應用程式的定位功能，這樣顯示孩子精確位置的詮釋資料才不會被自動分享出去。**這跟孩子在照片上標記地點是不同的。就如同所有的網站，Instagram 可以封鎖和檢舉內容、照片及貼文，所以要在必要的情況下，善用這些功能。確保開啟「隱藏不當評論」，如此一來，不當內容會自動被封鎖。

其他社群網站和應用程式

當我們找到如何在一個社群帳戶上保護自己的方式時，另一個又會出現。在此列舉所有的社群網站是不可能的事，而且現實是，有些網站可能會在你閱讀此書之前消失。作為經驗法則，你須要了解孩子擁有帳戶的所有網站。即使是很有名的網站，也不要假定他們會有預期的安全性設定。許多網站在非常短的時間內大為流行，使得管理人員無法考慮到較早之前就應該要想到的功能。許多應用程式和網站積極鼓勵公開設定或提供很少的權限。同時，許多網站不會將詮釋資料打亂加密，這代表如果孩子的定位功能開啟，那麼當他們上傳照片時，別人很容易就能知道他們的所在位置。

⚠ Google 搜尋孩子留下的數位足跡

只須要用 Google 搜尋孩子的名字，他們在網路上做的許多事很快且很輕易地就會被找到。孩子使用科技的頻率愈高，Google 就儲存愈多他們的資料。你通常會找到孩子的帳戶連結，可能會看到一些很傻的內容，是他們很小的時候寫的，或是他們忘了關閉的帳戶。**部落格、貼文、評論、學校電子報和運動俱樂部的新聞，事實上，所有跟孩子有關的事**

都只是一鍵之遠。務必定期搜尋檢查，並在必要的時刻採取行動。

如果找到我不喜歡的內容該怎麼辦？

像是霸凌、騷擾、未經許可的照片等等問題，在合法的網站上均可用檢舉的方式處理。這些網站會做出及時的回應，大多會把要求的內容移除。其他網站若安全設定寬鬆並秉持無所謂的態度，就只能提供很少或完全無法提供任何協助。有備無患，通常你愈快採取行動，結果就會愈好。如果你不喜歡找到的內容，採取的最好行動是聯繫源頭或網站，要求立即將其移除。

隨著網路安全委員會辦公室的設立，澳洲的青少年得以有另一個管道將網路霸凌的內容移除。若向某大型網站檢舉網路霸凌的情形，而該網站無法在四十八小時以內做出回應或拒絕移除內容，你可藉由網路安全委員會辦公室的入口網站（參照第十一章）提出申訴。在網站上也可以找到如何移除其他內容的實用資訊，並有提供給所有澳洲人檢舉照片霸凌的入口網站。照片霸凌是當某人將你的一張私密照片上傳，或在未經你許可之下威脅將其上傳。網路安全委員會有辦法協助移除這些照片，並將其標記以防再度被上傳。和往常一樣，愈早檢舉一個問題，結果就會愈好。

數位足跡管理的快速應變清單

○ 選擇恰當的電子郵件地址和用戶名，要思考電子郵件地址會如何建立孩子的形象。

○ 將所有帳戶的安全性設定調到最高。

○ 只開放給孩子確實認識的朋友們。

○ 隱藏好友清單。

○ 隱藏其他活動，包括群組和按讚。

○ 取消標籤，刪除不當的照片或影片。

○ 確定朋友的朋友不能獲得孩子的資料。

○ 定期檢查帳戶設定以確保現有安全性。

○ 查看和審核帳戶的互動情形：如有被錯誤或負面解讀的可能，刪除相關貼文、評論和部落格文章。

○ 定期 Google 搜尋孩子留下的數位足跡，並處理會造成傷害的情形。

○ 刪除舊的或閒置帳戶。如果孩子不常使用某個帳戶，就直接刪除。

○ 確保孩子手機內所有的語音訊息語氣適當。

○ 不要掉以輕心，檢查、再檢查，並在必要的時刻採取即時的行動。

第4章

孩子都在線上做些什麼？

面對五花八門的網站和應用程式，要注意網站的年齡限制和互動模式、應用手機內建的家長監護功能、鼓勵孩子正確使用網路和科技產品，以預防孩子遭遇網路上潛在的危險。

多數向我通報的問題大多起因於家長不了解各裝置能做到的事，也不理解他們的孩子能夠用這些裝置做些什麼，更不理解網路空間存有的實際風險。每樣能夠上網的電子裝置都具有潛在的危險。問題不在是什麼裝置，只要連上網路都有相同程度的風險。有些裝置較容易控管，如一些大型裝置，但可以藏在被褥下的小裝置是幾乎不可能控管的。

⚠ 數位產品知多少？

　　現在幾乎所有電子裝置都會有連結功能，最新的包括智慧型電視和聯網型玩具。以下列出最常使用的可上網裝置，你可藉此了解孩子可能在用的裝置，亦可了解應該如何與孩子溝通和建立一套安全、尊重和負責任的使用方法。

電腦

桌機　已退流行、過時，桌機的好處是所有的部件都連結在此裝置上。

筆記型電腦　這是小型可攜帶的電腦，有所謂的翻蓋式設計，研發目的為攜帶便利。最早的機型比目前市面上的筆電還要

大且重。一台筆記型電腦有的部件幾乎和桌機一樣。然而，當裝置變小的時候，一些像是 CD ／ DVD 光碟機的裝置就得外接。滑鼠建於觸控板，多數有內建喇叭和網路攝影機。

小筆電　於二零零七年晚期研發，比筆電小、便宜、輕薄，現在幾乎被平板電腦所取代。

超輕薄筆電　新型的超輕薄筆電比傳統的筆電還要輕薄，但具有相同的處理能力。因為體積小，通常會省略一般筆電的功能，如 CD ／ DVD 光碟機和乙太網路孔。

平板電腦

蘋果電腦　iPad 由蘋果公司研發，於二零一零年問世。二零一七年推出的 iPad 和 iPad Pro 版本可外接鍵盤，方便打字。iPad 也有內建 WiFi 功能，而且某些機型可利用行動數據上網，意思是你可以用預付或事後付費的行動數據方案。iPad 可以照相、錄影、播放音樂、玩遊戲、搜尋網路，也支援電子郵件。iPad 的其中一項重要功能是同時執行數個應用程式，包括娛樂、社群、教育性的應用程式。截至二零一七年三月，App Store 裡共有超過兩百二十萬個應用程式，由蘋果公司或第三方所設計。

安卓系統 有句話說模仿是最高的讚美，所以當蘋果推出了 iPad，其他人也渴望效仿。目前微軟的 Surface Pro 2017、Google Pixel C 和華為的 MediaPad M3 都是最受歡迎的安卓平板電腦。這些都和 iPad 很相似，但有一些不同的功能，譬如可以使用觸控筆或鍵盤基座，因此更像迷你筆電。因為這些裝置使用的是安卓系統，應用程式要從 Google Play 下載。Google Play 目前有超過二百八十萬個不同的應用程式。

MP3 播放器

MP3 播放器是攜帶式影音播放器，最常被拿來播放音樂，但現在也支援影片和照片。當智慧型手機也有相同功能時，僅有 MP3 播放功能的播放器就不再流行。目前市面上最熱門的 MP3 播放器是 iPod Touch，很多家長選擇不買手機但買 iPod Touch 給孩子，認為這樣比較安全。很多人也認為這些裝置只能用來聽音樂。然而，目前的 iPod Touch 可下載應用程式、拍照、攝影、撥接影音電話，亦支援遊戲和其他應用程式。很多家長不知道 iPod Touch 可下載通訊應用程式像是 Kik 和 Skype，但實際上，iPod Touch 的運作像手機，風險也一樣高。因此，這也需要和手機一樣的管理。

手機

　　手機自從問世以來改變了很多。當初被親暱地稱為磚塊，功能很少，只能撥打和接聽很貴的電話。摩陀羅拉在一九七三年製造了第一隻手提電話。這支電話重一點一公斤，長二十三公分。可講三十分鐘的電話，需要十小時來充電！

　　手機主要分成兩種：iPhone（iOS）和安卓。雖然作業系統不同，兩種手機本身的功能頗類似。iPhone 是觸控螢幕技術的先驅，但其他許多手機也有這項功能。智慧型手機擁有所有筆電和平板電腦的功能、有家用電話的功能，也可以用網路打語音電話。手機和平板電腦用的是應用程式，有的是獨立運作的應用程式，有的是桌機或筆電上瀏覽的網站所提供的應用程式版本。有網路版也有應用程式版的例子是網路銀行和社群網站。孩子在手機上玩的所有遊戲都是應用程式的格式。

　　今天的手機之所以叫做「智慧型手機」是有原因的。有時候對家長而言，購買我所謂的「笨蛋型手機」給孩子會比較好。市面上還是有這種手機，是可以考慮的好選擇。這些手機不能上網，有些沒有照相機功能。如果選擇給孩子智慧型手機，你要知道幾乎所有智慧型手機都能讓家長設定手機

的使用限制、孩子的使用權限和下載的東西等等。要確保在把手機交給孩子前，你懂得如何使用這些管理功能（針對家長監護和其他資訊，請參考第十章），這樣做能保證會一勞永逸。開始之前，先閱讀以下：

- ✔ 針對安卓手機上的家長監護功能，請前往 Google Play 並下載一個叫做 Google Family Link 的應用程式。
- ✔ iPhone 手機若須設定家長監護，手機上有內建的使用限制設定可以安裝，步驟是選擇「設定」、「一般」、「取用限制」，接著安裝取用限制的密碼，這樣孩子就不能把密碼改回來。

遊戲機

第一台基本款遊戲機是雅達利和任天堂，為熱門家用遊戲的先鋒。多年來，許多遊戲來來去去。你還記得 Sega Sg-1000 遊戲機或是 Commodore 64 家用電腦嗎？上網找一張它們的照片給孩子看。這些遊戲機真的看起來就是「舊時代」的東西，但我們說的其實只是三十年前。

電玩遊戲機市場有三個主要競爭者，每個都有獨特的優缺點。他們分別是索尼的 PlayStation 4、微軟的 Xbox One 和任天堂的 Switch。每一種遊戲機的運作方式有些許差異，並有不同的功能，所以孩子在遊戲機的選擇取決於個人偏好。

智慧型電視

如名稱所示，智慧型電視可以上網，就像其他許多電子裝置一樣，有時被稱做聯網電視，基本上是電腦、平面電視和機上盒的科技匯流。除了傳統電視功能及傳統廣播媒體公司提供的機上盒以外，此裝置亦可提供網路電視、線上互動媒體、OTT 內容、隨選串流媒體和家庭網路。

聯網型玩具

聯網型玩具是可上網的裝置，可連結 WiFi 和藍芽，亦有其他內建功能。這些玩具，也許是智慧型，也許不是，但都能經由內建軟體提供孩子更為個人化的體驗，包括語音辨識和網路搜尋功能。聯網型具通常會自願或非自願地搜集使用者的資訊，引發了關於隱私的疑慮。

聯網型玩具搜集的資訊通常儲存在資料庫裡，玩具製造商也會為了本身的目的去使用這些資訊。聯網型玩具的例子有：Hello 芭比、雲端寵物（CloudPets）、我的朋友凱拉（My Friend Cayla）、i-Que 智慧型機器人（i-Que Intelligence Robot）、互動式菲比小精靈（Furby Connect）等等，不勝枚舉。

⚠ 瀏覽網站和應用程式

　　你一定要知道！如果你要讓孩子玩遊戲或在某個網站上擁有帳號，你必須在讓孩子瀏覽那個網站前，自己先建立一個帳號，這樣一來，你才能看到會有什麼程度的互動和聯繫。年輕人在使用網路科技會遭遇的主要危害完全不在於使用的產品，而是他們使用產品的目的。孩子時常覺得他們在網路上是匿名狀態（有些應用程式也保證匿名），因此會傳送惡意簡訊或不雅照。

　　隨著孩子長大成熟，風險和危害也跟著改變。現在使用網路的年齡層不斷下降，所以我們應該要知道在每個年齡和發展階段，該如何好好保護我們的孩子。有太多的網站、應用程式和遊戲，無法逐一列舉，但以下是我經常看到的主要網站，大多是當我在跟家長與學校討論孩子的網上行為時所看到的（亦請參考第九章）。遵守年齡限制、執行安全性設定和鼓勵正確使用，你就能預防孩子遭遇網路上潛在的危害。

網站	敘述	年齡
Alibi Witness	使用者可進行隱密錄音，並存取最後一小時的聲音檔。	13+
Ask.fm	為社群網站，鼓勵使用者用匿名的方式詢問彼此問題。	13+
Discord	這是免費的 VoIP 網路電話應用程式（IP 網路語音傳輸），原本設計來讓遊戲玩家彼此聊天，類似 Skype。直至二零一七年十二月，共有八百七十萬用戶。如果只是用來跟認識的人聊天，那沒問題。但如同其他可雙向溝通的應用程式，也可能會被用來霸凌、騷擾或性誘拐。	13+
Facebook	世界上最大的社群網站。具完整的安全性設定，且青少年用戶有較為嚴格的預設值。	13+
Facebook Messenger	Facebook 內建的即時通訊程式，支援照片、語音通話、視訊通話。	13+
FaceTime	蘋果電腦研發的視訊通話應用程式，可用來聯繫同樣使用蘋果裝置的聯絡人。	13+
Flickr	由雅虎研發的用戶照片和影片分享網站。任何人都可瀏覽，但必須要年滿十三歲才能建立帳號。	13+
要塞英雄 (Fortnite)	此款遊戲一問世，家長就表示他們的孩子已迅速上癮。其中的聊天功能無法設定限制，雖然是卡通類型，但遊戲內容是有關殺戮奪取勝利，並不適合小學生。	
Happn	Happn 利用網路定位技術顯示你曾經遇過或實際鄰近區域的人的檔案。	18+
Instagram	照片分享的社群網站，現隸屬 Facebook。雖然使用者可設定隱私權限，但多數並不這麼做。若未設定隱私權限，照片的 GPS 定位座標可輕易被取得。	13+

Kik	即時通訊應用程式，對孩子而言特別有吸引力，因為它免費又不須要使用手機──適用於 iPod touch。通訊可藉由任何 WiFi 網路，所以電話、簡訊不會使用到電信費。我合作的許多學校都提過這款應用程式，很多年幼的孩子在家長不知情下使用。	13+，但分級為 17+
live.ly	musical.ly 的網路直播程式，可能會有色情和自我傷害的內容，所以要小心。	13+
MeetMe	實況聊天應用程式，可認識興趣相投的人。被宣傳成是結交新朋友的方式，但對孩子和青少年可能造成危害。	13+
Melon	實況影音聊天應用程式，能隨機與陌生人聊天（同 Omegle）。可用來當作性愛網路攝影機，因此我不建議讓兒童使用。	13+
當個創世神（Minecraft）	沙盒電玩，形式多樣。遊戲本身非常有創意、具教育性。但就像任何遊戲一樣，玩家能夠彼此互動，可能因此出現網路霸凌、色狼性誘拐和不當語言。最好是離線玩，或在家長控制的私人伺服器下玩。	
musical.ly	孩童和青少年可對嘴唱歌，並上傳影片。成為受到網路色狼歡迎的應用程式。年齡限制為十三歲以上，但使用者條款寫明介於十三到十八歲的使用者需要家長允許。	青少年不建議使用
Omegle	主要使用網路攝影機的應用程式，能隨機與陌生人聊天，所以須要謹慎。不適合孩童。	18+
Roblox	大型多人線上遊戲（MMOG）平台，使用者可以創造自己的遊戲。就像所有互動式遊戲，可能會產生問題，所以確保你開啟家長監護，以關閉聊天功能和各種形式的公開留言評論。	

Sarahah	鼓勵匿名的一款應用程式，所以你可以暢所欲言。因為被廣泛用來進行網路霸凌，已造成了很多問題。	13+
Secret Calculator (Ghost 或 Decoy 應用程式)	檯面上有各種不同的偽裝以及隱藏應用程式，孩子會下載這些應用程式，不讓家長或老師看到真正的內容。最熱門的一款應用程式看起來像是無害的傳統計算機，但其實它可以隱藏圖片和影片。	
Snapchat	照片分享應用程式，使用者可以傳送照片給另一名使用者，照片在一到十秒間會從螢幕上消失。跟一般大眾認知不同的是，這些照片沒有被刪除，使用者可以用螢幕截圖的方式來擷取照片。	13+
Skype	VoIP 程式，使用者可藉由 WiFi 撥打免費的語音和視訊電話，也可以打字聊天。	所有年齡
Spotafriend	Tinder 的青少年版本，可往右滑為某人按讚。若兩人同時往右滑，就會配對成功。雖然應該僅限青少年使用，但隱瞞年紀很容易。因為能和陌生人隨機配對，這款應用程式應該要謹慎使用。	13+
Steam	一個用來下載和玩線上遊戲的平台。	13+
Tinder	線上約會應用程式，藉由地點和興趣配對使用者。在青少年間已廣為流行，但其實成年人才能使用。	18+
Tumblr	部落格網站，可發表文章、評論或分享看法。你也可以追蹤其他使用者，瀏覽他們發表的內容。	13+
Twitter	微網誌網站，每則內容限制為兩百八十個字元以下。很受名人的歡迎，如運動、娛樂界明星。	13+

Vine	Twitter 旗下的手機應用程式，過去允許使用者發布至多六秒的影片。	13+
Wattpad	分享故事的社群平台，可以撰寫自己的故事，或閱讀其他人的故事。有時候會出現不當的內容，所以要小心。	13+
微信	網路通訊平台，使用者可藉由文字、影片和語音通話、遊戲和貼圖互動。	13+
WhatsApp	即時通訊應用程式，隸屬 Facebook，可用來接聽撥打語音電話。	13+
YouNow	網路直播應用程式，使用者可直播任何他們正在做的事，分享給其他人。我個人不推薦使用。	13+
YouTube	影片分享網站。務必密切監督且使用家長監護，以減少接觸不符合年齡的影片內容。	建立帳號需要 13+；各年齡均可瀏覽。
YouTube Kids	由演算法控制，YouTube Kids 這款應用程式被宣傳為專門提供適合孩童的影片。你依舊須要小心，因為已有一些案例顯示有些極度不當的內容沒有被過濾掉。然而，程式中設有良好的家長限制功能，可用來限制搜尋和時間。	各年齡
Yubo	過去稱為 Yellow，很快地以青少年的 Tinder 聞名。此款應用程式的研發商做了許多很好的努力，以確保更高的安全性、問責性和通報能力。然而，與不認識的人聊天，仍要小心。	13+

一個母親發現她十一歲的女兒已在線上和可疑的陌生人交談過，她評論道：「比起檯面上其他的遊戲，這遊戲看起來非常孩子氣，我完全不知道可以在這上面跟別人互動。」

　　應用程式和網站多數有容易辨別的標誌，家長應該熟悉這些標誌，這樣一來，一看到孩子的螢幕，你就可以知道他們在用什麼。

　　網路教養方式重點在於辨別和管理風險，將潛在的負面後果減到最低。我能給你的最好建議就如同男童子軍的座右銘：「隨時準備好」。如果你不知道你在確保孩子遠離的是什麼，就無法保護他們。孩子不像成人一樣思考，他們沒有人生經驗可以汲取。如果你無法掌握外界的事物，那麼對孩子而言，些微的樂趣就可能迅速變成危險或有害的經驗。

第 **5** 章

線上結交的朋友
也許並非真心

孩子渴望關注或想趕快轉大人的心態，常讓網路犯罪份子有機可乘，運用話術來拉近與孩子的距離，進而掌控或威脅孩子做不願意的事。

⚠ 誰是孩子近期的線上摯友？

網路大幅增加了孩童性犯罪者接觸受害人的機率，同時也減少了被偵測的風險。如果可以隱藏於網路匿名的面紗後，每天也許可以跟數千名兒童接觸，這些犯罪份子又怎麼會想要潛伏在購物中心、電影院或運動場所，冒著被看見的風險呢？科技革新之際，二十一世紀的「角落」指的是網路及氾濫的社群網站、應用程式和遊戲。

我的意思不是說那些侵犯兒童的人不會在現實世界裡出沒，而是這些人藉由網路和手機科技，能在家長、保母、老師或其他被託付照顧孩子的人無法看見的情況下採取行動。躲在螢幕的背後冒充身分，非常簡單。儘管我非常討厭用「聰明」來形容網路上針對孩童的犯罪份子，但他們對自己做的事很在行，而且他們仰賴的是孩子對科技的熟悉及相對滯後的認知發展。

所有使用網路或線上服務的孩子都有風險。不論是哪個遊戲、網站、應用程式或平台，若有聊天功能，犯罪份子就會出現。絕對不要覺得有卡通角色的可愛兒童遊戲是安全的。在過去，青少年特別容易遭遇風險，因為他們時常在無人監督下使用電腦。跟較年幼的孩子相比，青少年較可能加

入私人話題的線上討論，如性活動。但現在性誘拐的對象年齡層愈來愈低。孩子天生好奇，他們會在線上討論現實中不會公開討論的事。他們會為了樂趣去和陌生人聊天，因為大家都這麼做，因為做起來很容易，因為他們沒看見也看不見其中的危險。

⚠ 線上性誘拐是怎麼發生的？

其實多數孩子相信也會告訴你，他們不會跟網路上的戀童癖說話，而且在接觸之後，他們可以看出誰是戀童癖。這在理論上聽起來沒什麼問題，但通常這會給家長一個安全的假象，實際上這是有問題的。網路上的色狼不會在傳送交友邀請時說自己是戀童癖。**網路上的色狼利用孩童既有的脆弱特質，像是他們想要看起來像大人，渴望獲得關注，想要討好別人，或害怕讓別人生氣。**

這些人在性誘拐的過程裡跟孩童接觸，進而發展出一段關係。線上的性誘拐跟現實生活中的性誘拐很類似，而且通常是拉皮條的開端，於此過程中，成人試著讓孩童對性事產生興趣，並藉由傳送具有性愛內容的資訊或談論性事來提高他們的好奇心。性誘拐罪犯的最終目的是跟孩子見面，然後

進行性行為。很多的性誘拐罪犯已滿足於交換照片或影片，或是看孩子在網路攝影機前表現性相關的行為。

網路的性誘拐從傳送訊息和評論給孩子開始，目的是要建立友誼和信任感。網路色狼在社群網站上釣魚，發表上百則讚美的評論，像是：「我看到妳的照片，妳看起來好辣」或者「妳的眼睛好漂亮」或者「我打賭妳在現實生活中更漂亮」或者「妳好性感」，這些評論瞄準的是對於自己的身體沒有自信的青少年。這些評論讓他們對自己感覺良好。他們會想，這個人一定人很好，因為他稱讚我，而且對我很好。每個人都喜歡被稱讚，喜歡被別人喜歡，這很自然，而色狼也知道。他們也知道如果你對某個人好，他們絕大多數會回報你的好。

這樣的過程並非一夜之間，犯罪份子會持續地嘗試。讚美過後，通常隨之而來的是禮物、手機通話費用、iTunes 禮物卡、手機和其他便於聊天的裝置。沒有年輕人會對通話費或新手機說不！最受歡迎的禮物是電子現金（線上禮物卡），很容易逃脫家長的視線。**他們的目標是讓潛在的受害者感到被寵愛和舒適，進而成為他們生命中最重要的人，重要到可以對他們進行一定程度的控制。**他們會與孩子產生共鳴，並表示理解：「我知道那是什麼感覺，我也曾經歷過」、「我今天也過得很糟，我媽媽大聲斥責了我，她就是不懂」。他們會

知道最新的熱門音樂、影片、電影和線上遊戲。他們也會說年輕人的語言。

當誘拐的行為持續，彼此的信任感和關係也隨之增強。受害人會分享更多個人和私密的資訊，會分享期望、夢想和秘密，在多數情形下甚至會提供自己帳戶的密碼給網路色狼。對於孩子來說，密碼可以交換，以用來證明彼此之間的友誼。當網路色狼獲得了孩子的密碼，登入他們的帳號，就能輕易找到可以拿來操縱孩子的把柄，譬如說談到喝醉酒、淫穢照或不該去的派對等內容，也有可能只是雞毛蒜皮的小事，像是在學校惹麻煩，但孩子卻會因此而落入網路色狼的控制。

當網路色狼獲得被害人的信任，就會慢慢開始在對話中提到性的內容，緩緩卸下孩子的防備心。最一開始可能只是要求一張「性感照片」，或者問像是「你慾火焚身嗎？」的問題。即使一開始得到的回答一定會是不要或沒有，但基於對被害人已有一定程度的控制，加上長時間催迫，久而久之對方就會答應。「如果你喜歡我的話，就寄一張照片給我」或者「證明你有多喜歡我」等內容都可以操控孩子的情緒。通常網路色狼也會透過主動寄給孩子情色內容或裸照，來合理化這一切：「你看大家都這麼做，沒事的」或者「你現在有一張我的照片，你也要寄一張給我」。

網路色狼通常會詢問孩子是否知道一個具有性含意的詞，促使孩子上網搜尋，因此接觸到不當的色情內容。然後他們會問孩子是否喜歡看到的東西，或者是否也想試試。為了幫助較為年幼的孩子了解這件事，我告訴他們有「可以」的照片和「不可以」的照片。「可以」的照片是在公眾場合拍的照片（有穿衣服），而「不可以」的照片是不能在公眾場合拍的（裸露、半裸露或只穿內衣）。讓孩子知道，如果有人向他們索取「不可以」的照片，或者有人寄給他們「不可以」的照片，必須馬上告訴你或另一個可以信任的長輩，不必擔心會因此惹上麻煩。在不對勁的情況下，即使犯錯的不是自己，孩子還是會因為意識到自己惹上麻煩，而產生巨大的恐懼。

　　另一個用來說服被害人配合的伎倆是威脅公開不雅內容，在誘拐的過程中所取得的個人資訊都能用來脅迫孩子做出他們要求的事。

　　我前一陣子拜訪了一間學校，白天辦了幾場學生講座，晚上則是辦了一場家長座談會。當我完成了七年級生的講座，一名十二歲的男學生問是否可以跟我說些話，我說「當然可以」。這位年輕學生馬上哽咽，非常難過。我帶他到一個隱密的空間，要他深呼吸，並告訴我他的煩惱。

他說他在玩魔獸世界（限十五歲以上），與另一名玩家有了接觸，對方是成人男性，感覺是好人，熱衷於遊戲，提議每個禮拜一起玩遊戲。過了一段時間，這名年長的男性建立了一定程度的信任感，就詢問男孩是否使用Skype，願不願意聊天。男孩覺得和新的玩家朋友聊天沒什麼問題，而起初也確實都沒有問題發生，直到男子開始要求傳照片和視訊聊天。他告訴男孩自己已經沒有小孩了，他很傷心。他也說唯一讓他開心的時刻是看到這位年幼的男孩。他利用了男孩容易受影響的特質和想討好新朋友的渴望，接著開始要男孩脫衣服，在攝影機前表演某些動作，告訴男孩如果不這麼做，他就不會再跟他玩了。他也向年輕男孩示愛，說唯一讓他開心的時刻就是看著男孩在線上裸露。遺憾的是，男孩照做了。男孩告訴我，他不想讓網友難過。對方也常裸露身體。

我問他這名男子是否曾提議見面，他突然非常難過，回答說他們本來上禮拜約好要見面，但他向男子說了謊，說他不能去，因為要幫媽媽忙。對男孩而言，撒這個謊讓他極度不安，就如同其他發生在他身上的事一樣，這種情形顯示出孩子是多麼脆弱。我問他爸媽是否知道這件事，他說爸媽都不知道，但媽媽有注意到他週末時在哭，而問他發生什麼事。當時，他回答說有人在網路上對他做很過

分的事，但媽媽並沒有追問細節。更令人擔憂的是，他的
爸媽根本不覺得有必要參加關於網路安全的家長座談會！

⚠ 這些人究竟如何找到你的孩子？

　　網路上的犯罪份子利用的是我所謂的「破門盜竊」概
念。當有人想要破門進入你家偷東西時，通常想要的不是你
的房子，而是想要偷任何可能值錢的東西。小偷會在街上觀
察每一間房子，找出最容易迅速破門而入的那間。他們會
繞過的房子通常有良好安全防護、門外有吠叫的狗、裝有
警報系統和單門鎖，他們會持續尋找，直到中了所謂的頭
彩──一間沒有安全防護的房子，也許窗戶還是開著。同
樣的情形，網路上也會發生。網路上或現實中的兒童性誘拐
均是隨機犯罪。即使警察做得很好，逮捕到犯人，也無法根
本解決問題。我們必須及早教育孩子，讓歹徒無機可乘。

　　犯罪份子在網路各處尋找任何可能的目標，然後開始
性誘拐。擁有高度安全性的網站和帳戶會被略過；反之，他
們會將目標轉向擁有公開帳號的孩子、安全性低或根本沒有

安全性可言的應用程式或遊戲帳號。他們的魔掌碰不到那些馬上把陌生交友邀請封鎖或不與陌生人來往的孩子；反之，他們會將目標轉向沒有防備心的孩子。現在網路色狼通常會使用安全性設定有限的應用程式，這些應用程式的用戶年齡層愈來愈低，兒童常會在手機上、iPod Touch 上和父母看不見的臥室裡使用。

　　現在多數孩子能使用攜帶方便、容易隱藏的行動裝置，這代表他們提供了網路犯罪份子接近自己的機會。在網路上搜尋人很容易，色狼要找到孩子也很容易。他們知道受歡迎的網站，如：

- Kik
- Instagram
- Facebook
- Snapchat
- Skype
- musical.ly
- Minecraft （當個創世神）
- Roblox （機械磚塊）
- Animal Jam
- Clash of Clans （部落衝突）
- YouTube

他們知道哪些網站的安全性設定有限、哪些網站主要利用應用程式、哪些網站是年幼的孩子會在平板電腦和 iPod 上使用的。他們也知道孩子玩的遊戲，他們也會玩。他們在社群網站建立帳號，四處撒網，直到找到願意聊的人。

這類網站和應用程式其中某些具有良好的安全性設定，其他則沒有。然而，我們無法仰賴好的網站來保護孩子，真正的安全性取決於個別用戶。對於年幼的孩子而言，家長監護非常重要。

智慧型裝置內建地理定位科技，能識別各裝置的具體位置，其他使用同樣應用程式的人能藉此即時獲知孩子的所在位置，輕易就能找到你住的地方。

你必須知道孩子的裝置上哪些應用程式有定位功能及如何將它關閉。

蘋果裝置的定位服務可經由以下步驟關閉：

> 設定
> 隱私權
> 定位服務（關閉全部，或是保持開啟狀態，但從應用程式
　　清單上關閉個別應用程式的定位功能，如相機。在較新的作

業系統上，你可以選擇「永遠允許」、「只有在使用應用程式的期間才開啟定位」或「永不允許」。建議選擇「永不允許」。）

安卓和其他非 iOS 作業系統的裝置，請依照以下步驟：

> 設定
> 位置（或類似的選擇，取決於裝置）
> 關（關閉全部，或者一一關閉個別應用程式的定位功能，如相機。）

　　一個七年級的女孩在她的公開社群網站帳號上張貼了一張自己的照片。幾分鐘後，她收到一則回應：「你在……的房子很不錯」，還附上女孩家的地址和 Google 街景服務照片。有人拿了這張照片，讀取詮釋資料（定位服務是開啟狀態），搜尋到女孩的所在位置。非常可怕。

⚠️ 為何孩子拒絕聽從警示？

　　每個人都有直覺，這是一種與生俱來的行為、思考或感受的方式。特定的生理信號也會警告我們自身的安全遭受威脅，心臟狂跳不已、打顫或雙手冒汗等身體發出的訊號，其實就是在告訴我們事情不對勁。年幼孩童的直覺和身體同時發展，每個孩子的發展速度不同。**年幼的孩童純粹沒有足夠的自信和成熟度相信自己的直覺，認知到這些警訊，並從那樣的情形中脫身。即使是青少年，雖然在反思後，他們能辨認危險臨近時的生理信號，卻通常沒有能力對此採取行動、從危險中脫身。**

　　以下是三個近期的例子，其中的危險對成人而言很明顯，年輕的孩子也能辨認，但他們無法對之採取行動。牽涉其中的年輕孩子不該被視為愚蠢。這些例子以不同的方式闡明網路犯罪份子的高明手法，也說明了孩子儘管感到不舒服、意識到事有蹊蹺，仍無法像成人一樣地因應警訊採取行動。

範例一

────

那時是年初之際，一個十五歲的少年（在此稱他為

湯姆）最近轉到了新的中學。湯姆跟上一個學校的朋友在Facebook 上聊天時（在此稱他為班），班跟湯姆說：「你應該要加『某某女』為朋友，她超棒的。」湯姆問班這女孩是誰，班回答不知道，但接著說：「你隨時要求，她都會傳來她的裸照。我所有的朋友都有加她好友」。湯姆馬上加了「某某女」好友，就像班說的一樣，她開始寄來自己的裸照，持續了好幾個禮拜。但過了一陣子，「某某女」的某些評論變得有點怪。嘿，但如果碰上好事，不要放手，不是嗎？所以湯姆保持聯繫，而他們的聊天內容變得愈來愈情色。接著「某某女」跟湯姆要了幾張他的照片當作回報。湯姆挺有自信，而且這樣的辣妹會想要他的照片，他感到非常開心，所以他回寄了一些裸照。

這樣的互動持續了一陣子，雖然湯姆有時候覺得事情不太對勁，但還是不足以讓他停止或告訴其他人。接著，出現特別類型照片的要求。湯姆照做，但他開始覺得不舒服。他參加我在學校辦的講座後，回到家就告訴媽媽發生了什麼事，因為他開始覺得這件事可能有問題。所有他選擇忽略的疑慮現在看起來都令人憂心且真實。媽媽打電話給我尋求意見，當我找到屬於「某某女」的帳戶，很顯然地有什麼不對勁的地方。我看到某些不尋常之處：

- 這個檔案有很西洋的名字，但頭像照片是深皮膚的亞洲人或印度女人。
- 帳號的多數朋友都是年輕的白人男性，也有一些看起來是亞洲人的年輕女孩。
- 帳號上有各種不同年輕女孩的照片（微小的差別，但看不到臉）。
- 所有時間軸上的評論都具有高度的情色內容。

湯姆的媽媽也說湯姆告訴她，回頭一想，那些「某某女」傳的裸照現在看來是不同女孩的照片，但只有微小的差別，一開始看的時候不會發現：雀斑、打洞和膚色。現在看來，某些湯姆的朋友已察覺事有蹊蹺，封鎖了「某某女」。湯姆也開始擔心他所寄出的裸照，雖然寄出的當下沒有覺得不妥。

他們通知警方，調查隨即展開，也證實了湯姆的擔憂。他被性誘拐了。湯姆是個好孩子：聰明、擅長運動、表現良好、學業成績好、有很好的家庭背景。然而，他還是被騙了。他沒有相信自己的直覺，選擇忽略了疑慮和警訊，但這就是網路罪犯可以控制被害人的原因。他們很聰明，工於心計，無所不用其極。

範例二

———

　　一名學校老師在 Facebook 上建立了假帳號，假裝是在西澳瑪格麗特河區的衝浪高手。接著，這位老師告訴學生，他聽說有位新男孩將來到他們的學校。當女孩們收到這個假帳號的 Facebook 交友邀請時，她們以為是這位新學生，於是加了他。讓孩子在 Facebook 上加好友真的不是那麼難的事，藉由植入有新學生這個想法，犯罪者讓這件事看起來很安全。

　　當時十四歲的一名受害者說她最後妥協了，寄給對方自己的照片，因為對方每天都求她。這個伎倆很普遍：糾纏他們，直到他們妥協。通常孩子會妥協而傳出照片，誤以為這樣就可以解決問題。她也說：「他要我說一些下流的話。我感到很尷尬、不舒服及怪異。感覺像是我必須要這麼做，不然他會生氣。」顯然地，這位年輕被害者對於發生的事感到沮喪，但想要討好跟被喜歡的渴望凌駕了她優先考慮自己感受的能力。她也說他會傳來陰莖的照片，而她也會回傳自己的裸照：

　　「妳有一張我的照片，所以我也需要一張妳的照片。」之後她說：「以一個十四歲的少年來說，他講話的方式真

的很像大人。他會用像是『美麗』的詞，而不是同齡男孩會用的『辣』或『性感』。他寫的句子很正確。」這名女孩也在另一個跟男孩無關的網站上，發現他的照片。

另一名受害人告訴法庭自己收到男孩的交友邀請，她接受邀請，因為他有十五個共同朋友，全部都是同一個小鎮的女孩。這真的很常見。當網路犯罪份子聚集了一群朋友，他們會鎖定那些人的朋友，直到沒人質疑他們的身分。第二名受害人也說：「他跟我說的第一件事是我有漂亮的眼睛。」一個禮拜之後，他開始索取照片。他一直要求，直到她讓步。

這名男子被判有罪，服刑三年。

範例三

一名青少年的母親打電話給我尋求意見。他們住在非常遙遠的採礦小鎮，永久居民很少，但有很多來來去去的外派人員。那晚稍早時，她的兒子向她吐露自己非常擔心在 Facebook 上是好友的一個女孩並不是她所說的那樣。這個女孩的 Facebook 好友名單包含鎮上所有的年輕男性，頭像和封面照片都很吸引人。她聲稱自己十八歲，上

過的中學是一間在首都很有名的學校，她也列出目前所在位置，是另一個採礦小鎮。因為這個女孩在 Facebook 上跟所有年輕男孩都成為了朋友，得出的推論就是一定有人認識她。這個兒子跟女孩可以說是發展了一段關係，隨著時間過去，他們交換了裸照。

一開始，她傳來了某些自己的照片，堅持他也傳來照片作為回報。男孩照做，接著女孩開始建議擺出特定姿勢。她也要男孩剃掉陰毛，傳給她更多照片。當時，男孩起了疑心。藉由地理定位資訊，他發現此人並不在另一個採礦小鎮，而是當地的露營車公園營地。

這位母親不知如何是好，致電給罪案舉報熱線（Crime Stoppers），與我取得了聯繫。我聯繫了女孩聲稱就讀的學校，調查是否有這位校友，果真沒有。接著，我通報給網路孩童性剝削行動小組（Online Child Exploitation Squad）。一個月之後，這位母親打電話來說犯人已被逮補。

這三則範例均顯示了犯罪份子如何運作，也提醒我們年輕人通常成熟度和心智發展不足，無法注意到警訊，也

無法採取適當行動。這完全就是為什麼大人必須了解犯罪份子的方法、他們通常採取的行動，以及如何提供孩子最大的保護。英國皇家檢察官安德魯・麥克法連（Andrew Macfarlane）曾對被告麥克・威廉斯（Michael Williams）的案子提出起訴。威廉斯是英國最惡劣的網路孩童性罪犯。麥克法連一針見血地說：

很諷刺地，現今很多家長不會讓孩子在晚上出門，避免他們遇到像被告人一樣的罪犯。然而，當家長覺得孩子在臥室裡是安全的，他們不知道的是，有些孩子其實正在電腦上跟罪犯接觸。反思起來，令人不寒而慄。

⚠ 孩子發出求救信號？

注意孩子是否出現以下幾項警訊，可能代表有什麼事情不對勁：

- ✔ 孩子花了過多的時間在網路上，也許會開始隱藏自己在網路上做的事和瀏覽的網站。
- ✔ 孩子從你不認識的人那裡收到實體的禮物。
- ✔ 你在孩子的裝置上，發現情色影片或具明顯性暗示的圖片

（戀童癖通常傳送情色圖片來合理化他們想要照片的要求）。

- ✓ 你發現孩子在臥室裡一絲不掛，卻不是在換衣服。
- ✓ 你在孩子的裝置上找到裸照或裸露的影片。
- ✓ 孩子的好友清單上有你不認識的人。
- ✓ 孩子的通話點數永遠用不完，但以前不曾這樣。
- ✓ 孩子變得沈默寡言，行為舉止產生改變。
- ✓ 當手機顯示訊息傳來時，孩子變得很驚慌。

如果你擔心孩子可能是線上性誘拐的受害者，請遵循以下步驟：

- ✓ 消除孩子的疑慮，確保他們的安全。
- ✓ 試圖保持冷靜。
- ✓ 儲存、列印和截圖，收集任何可以成為證據的內容，包括訊息、文章和螢幕名稱。
- ✓ 登出。
- ✓ 不要直接聯繫嫌犯人。
- ✓ 不要關閉孩子的帳號。
- ✓ 聯絡當地警局尋求意見和協助。

如果你認為你的孩子或其他的孩子可能遭遇危險，打給110 或當地執法機關的緊急電話。

保護孩子線上安全的快速應變清單

- 參與所有孩子在網路上做的事，這是你身為家長的職責。
- 注意他們在網路上的活動和交談的人，就像現實生活中一樣。
- 時常跟他們說話。網路安全是持續性問題，必須保持溝通。
- 確保所有的網路活動是在屋子裡共同或公共區域進行，經常檢查螢幕。
- 設定切實的網路互動時間限制，絕不在無人監督下進行（對於年幼的兒童），也絕不能當你在夜晚入睡或工作時於臥房裡進行（更多網路安全資訊請參考第十章）。
- 教導他們有關網路犯罪份子的犯罪方法，並確保他們了解不管發生什麼事都可以跟你說。
- 教導孩子不應該跟網路上認識的人談論性，並讓他們知道若這類交談發生了，要告訴你。
- 教導孩子不能分享個人資訊，如以下：真實姓名、電話、就讀學校，也不要拍照打卡。
- 繼續吸收知識，相信自己的直覺。若你感到有什麼不對勁的事，你應該沒有搞錯。

第 **6** 章

網路霸凌：生存守則

你了解孩子的上網行為嗎？孩子可能是網路霸凌的受害者，也可能是迫害者。多關注孩子的情緒、行為和交友狀況，與孩子理性討論網路霸凌的問題，同時和學校、警方等相關機構共同建立防護網。

管理任何對家人造成負面影響的問題都是很有壓力的事，尤其是那些你不太了解或沒什麼處理經驗的事，或是那些似乎是在你控制之外的事。雖然學校即時成功解決了多數學生間的網路霸凌問題，例外還是永遠存在。不管多快採取行動，對於所有牽涉其中的人，尤其是孩子，都會留下傷痛是。作為家長，你或許也得接受是你的孩子在網路上行為不當的事實。很多時候，這僅僅是因為孩子不夠成熟，無法瞭解他們的行為會造成的後果。人們常會在網路上說一些他們絕不會在現實生活中說的話。孩子通常會效仿，或者認為自己的評論是出於好玩。有時候，當然，孩子的舉動是故意傷害人，但這不是常態。這章節是為了幫助你處理網路霸凌的問題，探討各種形式及後果。

⚠ 網路霸凌是什麼？

　　網路霸凌是一種隱蔽的精神霸凌方式：

　　網路霸凌是藉由資訊和通訊科技進行個人或團體的蓄意、重複和惡意行為，目的是傷害他人。

——比爾 · 貝斯 Bill Belsey，二零零七

網路霸凌可被形容成任何重複性的騷擾、辱罵或羞辱行為，發生在電子媒介上，如電子郵件、手機、群網站、即時通訊軟體、聊天室、網站和線上遊戲。網路霸凌通常是在認識的人之間發生，譬如同學校的學生、運動俱樂部的成員、同社交圈的人，或朋友的朋友；無論如何，通常都是你認識的人。網路霸凌者通常不會離開網路世界去跟你的孩子有接觸。

　　網路霸凌不包括一則單獨、下流、不當或令人反感的評論。這樣的評論很明顯會違反學校或組織對於行為舉止的規定，但評論本身並不會被視為網路霸凌。這跟在網路上一則威脅的言論不同，威脅的言論明顯違反澳洲和紐西蘭的法律，且會受到相應的處理。

　　網路霸凌也異於我們看到網路上某人被一大群不同的人攻擊的情形。這通常被稱為「網路小白」。在這些例子裡，當事人雙方通常沒有直接的關係，純粹只是攻擊他人的慾望所使然，這些網路小白的行為可被形容為刻意挑釁和騷擾。以下引述自前白宮實習生莫妮卡・路文斯基，她與比爾・柯林頓總統的關係在媒體間曾掀起了一陣風暴。

　　對別人殘酷不是什麼新鮮事，但在網路上，羞辱透過科技加深擴大、無法控制且永遠存在。數百萬人能用他們的言語刺傷你，那是非常痛苦的。

另一個我看過屬於網路霸凌的例子是，一個十五歲少女被曾上過同一個學校的前男友網路霸凌。她在網路受到的傷害嚴重到讓少年被學校退學，但少年持續在網路上騷擾她，也教唆朋友威脅她本人。這件事現在由警方處理，這是正確的方式，但少女的母親告訴我：「這關乎的不僅是他錄下、上傳六支影片來傷害我的女兒，讓整件事更糟糕的是到底有多少人看過、按讚過或分享過這些影片！」

網路霸凌本質上無所不在、無盡無休，二十四小時都會發生。不同於現實生活中的霸凌，網路霸凌者可借助科技跟蹤你回家，進入你的家裡。通常網路霸凌會是在匿名的狀況下發生，例如假名帳號或屏蔽號碼，但在很多案例中，我們都可以查出霸凌背後的始作俑者。如同任何形式的霸凌，網路霸凌會對心理造成傷害。比起腳上的瘀青，心理的痛苦非常難看見，因此，你應該注意孩子在神態和行為上是否有細微的轉變，並進行相應的調查。網路霸凌也是一種公開羞辱的形式，因為很多人都能看得到寫下或發表的內容。一旦一則訊息或評論被發表在網路上，即便加害人刪除，還是幾乎不可能完全移除。

孩子通常會不斷閱讀霸凌的評論，承受更多打擊。成人有足夠的成熟度，了解自己不該這麼做。網路霸凌之所以對年輕人特別有害，其中一個原因就是，他們沒有足夠的認知

成熟度和人生經驗來幫助他們處理這些事。

網路霸凌的例子

網路霸凌約略包含以下幾種：

- ✓ 以任何科技媒介傳送騷擾或威脅訊息。
- ✓ 傳送內容下流的簡訊、即時訊息（像是藉由 Kik、Instagram、Snapchat 或 Facebook Chat）、MMS（多媒體訊息），或連續撥打惡作劇電話。
- ✓ 利用某人的螢幕名稱，假裝此人（設定假帳號）。
- ✓ 利用某人的密碼進入帳號，假冒此人。
- ✓ 在未獲許可的情形下，轉寄某人的私人電子郵件、訊息、照片或影片。
- ✓ 發表懷有惡意或下流的評論或照片。
- ✓ 傳送具有明顯性內容的影像──「情色簡訊」。
- ✓ 在網路上的群組中刻意排擠某些人。

想像你十歲的孩子來找你，心情低落地告訴你某些孩子對他很惡劣，在網路上嘲笑他。原來你的孩子在 Instagram 上傳了一張朋友的照片，開了一個玩笑，但這個朋友誤會了他的用意，現在大家都聯合起來攻擊你的孩子，說些很傷人的話。你看了評論，無法相信你讀到的東西。他們用的語言

很駭人，而你的孩子顯然被許多學生當作箭靶。你甚至不知道孩子有 Instagram 的帳號。你該怎麼做？

- ✔ 保持冷靜。
- ✔ 支持孩子，讓他知道你會幫忙。
- ✔ 對他向你求助的行為表示稱讚。
- ✔ 不要報復或聯絡其他家長。
- ✔ 保存所有東西的副本。
- ✔ 盡快告知孩子的老師（如果可以的話，隔天就行動），提供證據，讓學校*處理這件事。他們也必須支持你的孩子。
- ✔ 向孩子解釋你為何感到失望，原因是他在你未准許的網站上建立帳號，違反使用年齡限制。
- ✔ 跟他討論網路上「開玩笑」的問題，以及玩笑很容易被誤會。向他解釋他做了糟糕的決定，但其他孩子的行為也是錯誤的。
- ✔ 適當懲處（刪除 Instagram 帳號，減少網路每週的使用時間）。
- ✔ 依照心理師或輔導員所提出的建議，尋求專業協助。
- ✔ 藉由這次事件和孩子討論網路行為和你的期待，建立未來持續對話的基礎點。重新審視或建立親子線上安全協議（請參考附錄）。

---

*學校在法律上有義務處理所有通報的網路霸凌問題，不論發生的地點或時間。如果你不滿意學校的處置，或如果學校已盡力而為，但霸凌的情形仍舊持續，那麼你可以向警方或相關教育機關的地方辦公室通報。

⚠ 觀察孩子的轉變

要找出孩子沮喪的原因通常很困難。青少年每天都能在易怒、悶悶不樂、冷漠、高興、充滿關愛、平靜間搖擺不定！因為我們必須考慮疾病、交友問題、學校成績不如預期、青春期和其他種種問題，這讓辨別他們沮喪的原因變得特別困難。然而，我們必須意識到問題也許跟科技相關。

這裡是一封編輯過的信件，是一位母親寄給我的（個人識別資訊已變更）：

在過去一個月間，我們發現我們十五歲的兒子被霸凌，包括在網路上。如果我沒有查看他的 Facebook 訊息的話，我們永遠不會知道。我們在二零一三年間注意到他的變化。一個曾經受歡迎、充滿魅力、聰明的孩子變得沈默、成績變差等等，這樣的行為改變模式我相信你也曾聽說過。我滿懷擔憂地向學校詢問，他們說他表現很好，這樣的行為是很典型的青少年行為模式。去年十一月，他陷入最低潮，說著每個人都恨他，他什麼都做不好。我決定展開調查，並找到這些訊息。這些訊息很糟糕，甚至說他曾跟我（他的媽媽）發生過性行為。我瞠目結舌，我的丈夫勃然大怒。麥克斯在學校不再感到安全，所以我們讓他轉學，我們最近才剛告知之前的學校關於這些 Facebook 訊息

的事，他們現在正在整頓學生紀律的初步階段。

如果我沒有參加你的演講，我可能不會去查看他的Facebook。我兒子目前算是開朗，但仍會擔心接續的後果。儘管他正面的態度，我仍憂心這對他造成的影響，我丈夫想要提出告訴。

我們要怎麼讓網路霸凌他人的孩子了解這是很嚴重的事？他們的行為會將人推向崩潰的邊緣。他被嘲弄的字眼包括死娘砲、甲甲、不惜一切求勝利的人、大家都恨你。身為家長，這讓我非常難過，同樣也為我其他的孩子感到憂慮。

我告訴丈夫，我感覺我們逃過了一劫。如果我們不知情的話，兒子也許會變成那些自殺數據裡的其中一人，到時候就太遲了。他曾告訴我他寧願死也不要回到以前的學校。你能想像那讓我非常震驚。

遺憾的是，二零一八年初期，北領地十四歲少女——艾咪·桃莉·埃弗里特疑似受到網路霸凌，她的父母就沒這麼幸運。

警方目前正在調查她的死因以及網路霸凌是否牽涉其中。桃莉死後，我到一所學校演講，學校中有許多認識桃莉

的學生想要談論她的事。這些年輕的孩子臉上的痛苦撕裂我的心弦。看見他們的悲痛實在是令人難過的事，我必須坦承我當時很難保持鎮靜。

雖然網路霸凌並不會導致自殺，但我們必須認知到這樣的行為的確會導致不良且重大的心理健康問題，這樣的問題會反過來促使人們做出悲劇的決定。遺憾地，有些例子引發了廣泛的媒體報導和巨大的悲痛和憤慨，與此同時，卻也有很多例子不為人知。當孩子將自殺視為解決問題的方式，我們作為一個社會實已辜負了所有年輕的孩子。我們現在必須面對網路霸凌及其對於年輕孩子的影響。這是我們的問題，不是別人的，而我們都有須要扮演的角色。

網路霸凌並沒有一連串明確的跡象可循，但以下是我們所知最普遍的例子。你會注意到那位寫信談到她十五歲兒子的母親發現到以下許多跡象：

- ✓ **心情和行為變化**：多數的青少年有時會展露出生氣、沮喪或叛逆的行為。當賀爾蒙成為主宰，孩子就在你的眼前改變，這是正常且不可避免的成長過程。區別正常的青春期焦慮與不祥的徵兆是很困難的事，但你應該相信自己的直覺，你若感到擔憂，就應該進行調查，試著找到問題的根源。不管原因是什麼，要是不知情，你就無法提供協助。

- **學業成績變差**：若孩子在學業上突然退步，你都應該進行調查。通常被霸凌的孩子會在讀書專注度上有明顯的改變，成績也會退步。
- **不想去學校、不想運動等**：不想跟霸凌者在同一個地方是正常的。若孩子一開始可以正常出門上學或做運動，卻忽然變得不情願，這是有什麼事情不對勁的明顯徵兆。通常這會表現在正要上學或運動前的隨機與非特定的輕微病狀。頭痛、肚子痛或一般的身體不適等，這些症狀可能暗示著某個問題，而非身體疾病。
- **網路活動特別遮遮掩掩**：孩子通常覺得自己在網路和使用手機上應該保有隱私。你應該特別注意他們遮遮掩掩的行為，像是在被子底下或家裡隱蔽的地方上網，或者當你在場時，孩子總是藏著自己的裝置。這可能是有什麼事情不對勁的跡象。
- **上網行為明顯改變**：注意孩子上網行為的改變。例子包括：簡訊傳來時的態度緊張不安、時時刻刻盯著手機、想要一直上網，或完全不想上網。
- **交友圈改變**：這可能是孩子在求學期間會多次經歷的正常交友改變。若感到擔憂，你應該採取行動，至少跟孩子的老師談談。他們通常在你之前就意識到這些事，因為他們每天都看得到教室裡的變化。
- **花更多時間跟家人而非朋友相處**：孩子突然更想要跟你相處，而非朋友，這可能讓你感覺很好，但在青春期這段期

間裡，朋友會變得更為重要，家人則變得不那麼重要。你還是要注意在孩子的世界裡可能有什麼事不對勁，並陪在他的身邊。詢問孩子是否無恙或者是否發生了什麼讓他困擾的事。他們想要說嗎？讓他明白不論如何你都會陪在他身邊。若仍舊感到擔憂，你應尋求他人的協助。尋求協助不代表失敗。能夠幫助你的人包括家庭醫生、學校社工員、青少年心理師或家庭輔導員。

⚠ 如果孩子遭受網路霸凌

不要對孩子發怒：要記得，他們才是受害者，是另外一個人做錯了事。不要因為別人做的事而威脅他們不能再使用科技。孩子在告訴父母自己於網路上遭遇的問題前，這是其中一項最大的障礙。研究指出，孩子寧願忍受負面的事，也不願失去使用網路的權利。

1. **對他們向你求助表示讚美**：這是很重大的一步，多數孩子害怕告訴父母關於網路霸凌的事。即便你不是很了解，還是要讓他們知道你會幫助他們。盡量試圖保持冷靜。

2. **儲存和保管內容**：保留電子郵件、聊天記錄或簡訊、

評論或文章的副本。螢幕截圖或者剪下貼到 Word 文件上，選擇對你而言最容易的方式。如果你不知道怎麼做，不要擔心，因為多數孩子知道如何螢幕截圖。獲得紙本的一個簡單、非技術性的方式是把內容顯示在手機螢幕上，並把手機放在影印機上，按下影印鍵。或用另一個裝置將評論留影存證。

3. **幫助孩子從所有的聯繫清單上封鎖和刪除霸凌者**：在多數值得信賴的網站上，使用者可以控制哪些人擁有瀏覽自己帳號的權限。陪孩子封鎖和刪除霸凌者，表示對他的支持。許多孩子覺得封鎖另一個人「很惡劣」，即便那個人已對他們做出了惡劣的事。向孩子解釋他們應該要能掌控自己所有的帳號，如果有人對他們做出不尊重的行為，這些人應該被封鎖（有些網站稱之為「忽略」）。

你是一個就讀當地中學的十四歲女孩的家長。她大部分的小學朋友也跟著上了同所學校，但她也交了一些新朋友。她負責任，很少惹麻煩，也很用功。就像多數青少年，她熱愛科技，看似手機永不離手。你不是很擔心她的網路活動，因為你覺得她是個懂事的女孩，她的朋友也是。然而，你所不知道的是你的女兒已經變成某些女孩的標靶，她正遭受著 Instagram、Snapchat 和簡訊上的網路霸凌。

幾個禮拜下來，她的情緒轉變，變得急躁和沈默寡言，當簡訊傳來時，她表現得緊張不安。她顯然不像她自己。你也注意到她不再那麼常上網，當你問及 Facebook 時，她說「已經沒興趣」，並說她的朋友非常不成熟，她不想再理他們。你感到特別擔心，那麼你應該怎麼做？

- 選擇一個適合且安靜的時間向她表示你的擔憂。
- 不要製造恐慌、任意批評或發怒。
- 冷靜解釋你擔心的理由，並詢問她的煩惱。
- 如果她向你敞開心扉，你須要知道：發生了什麼事？有誰牽涉其中？在哪裡發生的？她有副本嗎？她試著做些什麼？她告訴了哪些人？你現在可以提供什麼樣的幫助？問她想要你做什麼。
- 如果她拒絕告訴你，那麼用平緩的方式試探。解釋你的擔心是身為家長的職責，沒有什麼事會糟到你們無法一起討論，還有你不論如何都會幫她。尋求一位信任的朋友或兄弟姊妹的幫助，看看他們是否能找到你女兒煩惱的源頭。不要放棄。

4. **不回應**：不回應下流的電子郵件、聊天內容、簡訊或評論是很重要的；這既然是霸凌者想要的，那就忽視他們。孩子在做這些事時會需要你的幫助和支持，因為反擊是很自然的反應。一則短短的回應像是「停止這樣做」沒什麼問題，但如果孩子用威脅或其他不適切的評論回應，他們自己也會惹上麻煩。

5. **使用「舉報濫用」按鈕**：在所有值得信賴的社群網站、聊天室、即時通訊軟體和線上遊戲裡，你都能讓站方知道某個特定的人或帳號正在做的行為不可接受或正在騷擾你。告訴他們你遭遇到的問題，他們有義務進行調查。當使用者違反網站規定時，他們可以刪除帳號並寄出警告。這些步驟在某些網站上很簡單，其他網站則非常複雜。無法很快找到舉報網路霸凌的方式是令人喪氣的事，所以在孩子做這件事的時候，你要坐下來並肩支持他。

6. **告知孩子的學校**：學校必須知道發生什麼事，才能幫助並支持孩子，進而管控任何會散播到遊戲區或教室裡的問題。如果霸凌者是同學，學校會幫助你逐步解決這個問題，並遵照他們對於其他通報的霸凌行為所採用的處置方式。如果霸凌者不是來自同一學校，還是要確保班級導師了解此事，這樣一來，他們才能將孩子視為任何其他遭遇問題的孩子一樣，提供支持。同樣的建議適用於運動俱樂部、青少年

團體或工作場域。這些組織在處理不當的網路互動上都承擔著義務，且必須採取行動。

7. 確保他們有暫停使用科技的時間：孩子的生活平衡是很重要的，因此必須確保他們不花太多時間在網路或手機上，這對他們的心理和身體健康是很重要的。不要將之當作懲罰；相反地，當成他們不被打擾的寧靜時間。制定上網時間的規則和界線。成長中的孩子每晚需要十小時的睡眠，青少年每晚則是介於八小時十五分鐘到九小時十五分鐘。手機和其他可上網的裝置不應該在臥房裡，尤其是晚上。除非關閉無線網路，但仍要小心孩子連結到鄰居無加密的網路！去最近的折扣百貨公司買個收音機鬧鐘，以防他們抱怨「但這是我的鬧鐘！」

8. 換新手機號碼：儘管很不方便，這大概是當孩子在手機上被騷擾時最好的選擇。目前的確有些手機可以藉由網路應用程式一樣的方法來封鎖個別的號碼，但你無法封鎖未公開號碼。不過，手機可以下載某些軟體，家長可藉此設定手機的使用限制。向你的手機供應商確認。你應該向手機公司通報霸凌的情形，他們有義務進行調查。若理由是正受到霸凌，手機號碼可以免費更換。

9. 擾人的聯繫若持續：在多數例子裡，即時處理可以成

功解決網路霸凌的情形。但如果事實並非如此，讓孩子知道只能給一小群信任的朋友自己新的聯絡資訊。

10. 造訪網路安全委員會辦公室（Office of the eSafety Commissioner）： www.esafety.com.au 這個網站有許多很好的資訊，並設有網路霸凌通報平台，適用於牽涉未成年澳洲兒童的嚴重網路暴凌情形。你可藉此入口網頁通報，多數情形下，他們能協助移除內容，並建議進一步應有的行動。

11. 如果仍舊持續，通報警方： 大部分以學校為主的網路霸凌可在學校裡圓滿解決，但凡事皆有例外。學校無法向警方通報個別學生間的霸凌情形，所以通報與否取決於受害者及家長。向警方報案不該取代學校調查，但當學校嘗試過卻無法停止霸凌時，你應該這麼做。當以下發生時，你應該通知警方關於網路霸凌的情事：

- ✓ 儘管學校已盡力處理，仍無法停止。
- ✓ 你不知道誰是霸凌者（他們使用假帳號或隱蔽的號碼）。
- ✓ 孩子的個人安全受到威脅。

每個州和領地皆有法律禁止網路霸凌、跟蹤和威脅行為（請參考第十章）。你不須要忍耐。

⚠️ 如果孩子是霸凌者

　　當得知自己的孩子在網路上霸凌了另一個學生時，通常都會感到震驚，因此家長支援學校處理這樣的情形是很重要的。不要試圖降低事情的嚴重性或為孩子的行為找藉口。儘管我們想要保護孩子，他們必須學習到不當行為會導致的後果。學校具有專業能力足以處理霸凌行為的各方，他們在法律上也有義務這麼做。所有學校對於霸凌他人的學生都有相關的政策和程序。某些利用類似修復式正義的程序來支持被害者及霸凌者。

　　為了確保孩子不會成為霸凌者或持續進行霸凌，作為家長的你扮演著重要的角色。參與且注意孩子在網路上的活動、去的地方、跟誰往來。儘管困難，孩子在使用科技時應受到監督，而這是你作為家長的職責。如果你看到他們做出令人不快、傷人或下流的評論，跟他們說，並解釋為什麼不能在網路上有這樣的行為。保持警惕並參與其中。家長有能力防止大部分的網路霸凌事件。

　　當你一發覺孩子在網路上霸凌了別人，你可以用以下方式協助孩子：

- 協助他們了解他們的行為不可接受，並有犯罪的可能。討論為什麼不能在網路上做出惡意的行為。
- 理解他們可能也感覺很糟。他們可能對做了錯事感到沮喪，但要讓他們知道做錯事會有後果，不能幫助他們逃避後果。
- 跟他們談論他們的行為，試圖找出行為的原因。
- 要他們試想若自己是受害者，會有怎麼樣的感受（鼓勵同理）。
- 一起改善這個情形，例如道歉。
- 支持學校的行動。
- 努力防止進一步的事件。對於他們的網路行為制定清楚的規定和界線，並說明你的期望。保持警惕並參與其中。
- 尋求學校、福利工作人員、當地家庭醫生或兒童心理師的幫助。

不管孩子是否被霸凌或是霸凌者，保持冷靜，深呼吸，試著保持理性。我明白說比做容易。通常家長會比孩子更加沮喪，因為孩子的復原力很強。

千萬不要直接跟另一個孩子或其父母溝通霸凌的問題。你應該和學校或相關組織約時間面談，並把所有的證明文件帶在身上。讓學校處理，但確保他們有程序讓你知道最新的進展。記得，他們是這方面的專家，且必須獲得支持，這樣才能快速、成功地解決問題。我常常看到學校採取了極佳的

行動，孩子也往前走了，但家長想要復仇，並持續小題大作。讓孩子引導你，如果他們對結果感到滿意，那你也應該這麼覺得。如果不是，那就採取進一步的行動。進一步指的是學校的更高層，例如跟校長、區域辦公室或相關機構談話。沒有人能忍受霸凌或不作為，但請記住，你的行事應當合理。

網路霸凌快速應變清單

- ○ 不回應。
- ○ 封鎖和刪除霸凌者。
- ○ 通報網站霸凌情形。
- ○ 保留霸凌評論的副本。
- ○ 告知學校或相關機構，並尋求解決方法。
- ○ 如果霸凌情形持續，通知警方。
- ○ 支持孩子。

　　教育部投入積極宣導校園反霸凌，鼓勵同學遭到網路霸凌時，要勇於說出來，不要害怕，可諮詢學校教師、精神科醫師，或撥打教育部防制校園霸凌專線（0800-200-885）。

　　iWIN 網路內容防護機構的反霸凌宣導專區，提供網路霸凌的相關資訊和報案管道。若遭遇霸凌，可以撥打 iWIN 申訴專線 02-33931885。亦可撥打 110，尋求當地警察局的協助，各地警察局的刑事警察大隊皆設有科技犯罪偵查專責組。面對霸凌的心理壓力或情緒困擾，也可撥打衛生福利部安心專線 0800-788-995（請幫幫，救救我），提供二十四小時免付費心理諮詢服務。

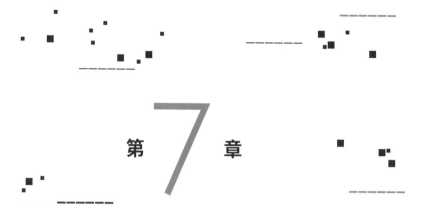

第 **7** 章

他們都拍了什麼？
裸照和裸露自拍

裸照自拍、情色簡訊是親子溝通比較尷尬的一環。但在現今網路時代，私密照瘋傳的現象相當普遍、嚴重，因此勢必要幫助孩子建立正確的上網觀念。

對任何父母來說，只要想到孩子竟然會考慮拍攝自己的裸照就讓他們極為擔憂。再想到這張照片已經拍下來傳到網路上並會在那裡永遠留存，這樣的感覺簡直就是可怖至極。

多年來處理這樣問題的經驗所教給我的是，非常難找出最可能會做這樣事的孩子。會這麼做的孩子並無特定類型。如果施加的壓力持久不變，所有的年輕人都可能對這樣的壓力低頭。這樣的事通常會發生在平常判斷力良好的孩子身上，他們行為端正，在學校從不惹麻煩。這樣的事情一旦發生，對家長和老師而言將是晴天霹靂。我無法告訴你我已經和苦惱的爸爸媽媽通話過多少次，他們告訴我：「我從來不相信他們會做這種事」或「他才十一歲」。

多數家長在這個時刻會感覺自己遭受悲慘的失敗，並相信一切都是他們的錯。雖然這是正常反應，但為此怪罪自己並無益處。你必須了解，對於很多孩子而言，拍攝和傳送裸露自拍都是瞬間的決定，這是在某些情況下無法阻止的。你可以盡力而為，但在某些時候，你的孩子還是會做出具有負面影響的決定。這就是其中一種情況。令人擔憂的是，拍攝和傳送裸露自拍不限於青少年。有些小學孩童也會做。他們為什麼這麼做？從我豐富的經驗來看，有四個主要答案：

✓ 調情或作為一段感情關係的一部分

✔ 對壓力的回應

✔ 被性犯罪份子性誘拐

✔ 低級趣味（年輕孩子覺得拍粗魯的照片很好笑）

⚠ 情色簡訊是什麼？

　　情色簡訊或傳送具色情內容的訊息指的是傳送露骨性內容的電子訊息、照片或影片，主要在手機之間傳送，可藉由網路應用程式，像是 Instagram、Snapchat、Kik 或社群網路軟體。青少年已不再用「情色簡訊」一詞，他們比較喜歡的詞是裸照、裸露自拍照、露奶照或屌照。

　　現今的孩童接觸著各式各樣的情色圖像、歌曲中的詞句、影片、電影、網路和廣告。許多年輕的流行明星傳播著和性相關的內容，促使了易受影響和脆弱的年輕人感到這樣是主流且完全可以接受的行為。當然，實情是完全相反，但孩子通常只會在事件過後了解到這件事。

　　　　一名母親告訴我以下的困境。她十三歲的女兒給她看
　　了一張很熟的朋友發布在 Instagram 上的照片，這個朋友

也十三歲。照片照的是脖子以下，這個年輕的女孩穿的是非常裸露的內衣，姿勢極度撩人。附加的評論寫著：「我終於他 X 的超愛自己的身體，我不在乎你們這些 X 貨怎麼想！」

這名母親不知道該怎麼做。她與女兒討論了這張照片和評論，女兒同樣驚恐，並說她覺得這個朋友發布這樣的照片很笨。她也擔心朋友及這張照片最後會被散布到哪裡。女孩們現在上不同所高中，但這位母親還是跟另一名母親很親近。她應該聯絡她嗎？

我建議她跟另一名母親見面喝咖啡，平緩地告知她發生什麼事。不加指責，只是給她看照片和評論，並跟她說「我知道這很令人心煩意亂，但如果這是我的女兒，我會希望有人告訴我。」引導她，並給予支持。如果情況變得很緊繃，那就停止話題，不去爭論。你已經做了對的事。

如果你不認識另一名家長，我的建議是告訴當事人的學校校長。他們絕對會感激你。

皮尤網路計畫（The Pew Internet Project）和密西根大

學於二零零九年進行一項範圍較大的研究，其中在三個城市裡調查了六組由中學和高中學生組成的焦點團體。青少年被要求形容分享這類圖片時感受到的壓力。其中一名高中女生寫下：

當我大約十四、十五歲的時候，我收到和傳送了這類的照片。男孩們通常想要這樣的照片或開啟那類的對話。我男友或者我非常喜歡的人要了這樣的照片，我覺得如果不照做，他們就不會再跟我說話。那時候，這感覺沒什麼大不了，但現在回想起來，這樣的行為完全不恰當且越了界。

身為成年人的我們知道上述的選項都不安全，當一切出了差錯以後，年輕的孩子將承受非常慘重的後果。年輕的孩子很信任人，他們想要討好別人，並獲得喜愛。然而一旦照片傳送出去，就不可能收回來。一旦傳到網路上，這些照片就會變成某人數位足跡中永久的一部分。這代表它們永遠能連回那個人，並會在最意想不到和最不想要的時刻重新出現。

二零一七年十二月，網路安全委員會辦公室、紐西蘭網路安全組織（Netsafe NZ）、SWGFL 網路安全組織、英國網路安全中心（UK Safer Internet Centre）和英國普利茅斯大學聯手發表了一項研究結果，標題為「年輕人與情色簡訊——態度與行為（Young People and Sexting – Attitudes and Behaviours）」。英國方面的研究顯示百分之四十九的參與者知道同儕分享自拍照片。針對「你覺得為什麼年輕人會分享裸照？」的問題，他們最常見的回應為：

- ✔ 因為他們想要發展一段感情（百分之六十七）
- ✔ 想被說他們很有魅力（百分之六十八）
- ✔ 因為他們被迫（百分之六十六）

這項報告也明顯看出某些年輕人在建立關係上不明智的做法，並會利用自拍照來達成這個目的：

訪問者：為什麼男生會傳送男性私處照？

十年級男性：為了獲得一張裸照。

訪問者：這樣做有用嗎？

十年級男性：完全沒用。

訪問者：那為什麼這麼做？

十年級男性：因為也許有一天會有用。

有趣的是，這項研究詢問年輕人關於成年人可在此方面提供什麼樣的協助。最常見的回應為：

- ✔ 聆聽（百分之七十六）
- ✔ 不批判（百分之七十四）

✔ 確保有機密的地方可以求助（百分之七十三）

紐西蘭方面的研究結果指出，分享自拍裸照的青少年數目並不如外界想像的普遍。

✔ 大約百分之四的青少年說他們在過去十二個月裡分享過自拍裸照或接近裸露的照片。在年紀較大的十七歲青少年間為百分之七，將近兩倍。

報告進一步表示：

✔ 過去一年中，五人中有一人被要過自拍裸照。
✔ 十人中將近有四人說他們知道有人在過去某個時刻跟別人分享了裸露照片或影片。
✔ 十人中將近有三人知道有人非自願收過裸照，將近四分之一的人知道有人被要過裸照或接近裸露的自拍照片和影片。
✔ 將近一半親身經歷過或知道有人分享過裸露內容，參與者說這樣的情形時常或頻繁發生。

女孩更常被要過裸照（和我在青少年領域工作的經驗相符）：百分之二十四，相對於男孩的百分之十四。

澳洲方面的研究顯示年輕人認為傳送分享裸照或接近裸

露的照片或影片很普遍，但事實上，在那些受訪者當中，只有以下在過去一年中傳送過裸照：

- ✔ 百分之一的十四歲受訪者
- ✔ 百分之五的十五歲受訪者
- ✔ 百分之七的十六歲受訪者
- ✔ 百分之八的十七歲受訪者

　　澳洲研究亦調查了分享此類照片的偏好平台，並顯示了以下的分布情形：

- ✔ Snapchat：百分之六十四
- ✔ Facebook／Facebook Messenger：百分之三十九
- ✔ SMS／MMS：百分之十七
- ✔ Instagram：百分之十五
- ✔ WhatsApp：百分之九
- ✔ Kik 和 Skype：百分之七

　　關於接收裸照或接近裸露的照片方面，將近百分之十五的青少年說他們曾經非自願地收過這樣的照片或影片。

　　我認為 Snapchat 之所以成為分享這類照片的熱門平台是因為人們覺得它很安全，如果照片會在螢幕上「消失」，

那被更廣泛分享的可能性就會降低。當然，事實並非如此。

這是我常聽到的常見情境：

　　一名年輕女孩被一名學校裡的男孩挑戰在 Snapchat 上傳送自拍裸照，但被告知只拍脖子以下的照片（不知為何對某些孩子來說，把臉藏起來就可以接受）。女孩傳出照片，收到的人存了起來（對，你可以在 Snapchat 上這麼做，這和他們炒作的噱頭並不一致）。然後，在女孩不知情的情況下，他把照片分享在一個叫做「猜猜是誰（Guess Who？）」的遊戲上。一開始，分享的對象是所有同年級的男生，沒有人能指認照片裡裸露的人，直到其中一名女學生看到，立刻指認這名女孩，並留下以下評論：「喔，那是誰誰誰。看，背景裡有她的運動獎盃。」

　　這項聯合研究令人振奮，因為數字比想像的少很多。但實情是，一旦拍下、分享出去，就幾乎不可能收回。

　　另一個對於青少年造成的附加問題是警方可能會介入，不管這樣的分享是否是兩廂情願。本章稍後會對此詳細探討。

傳送自拍裸照立即導致的後果發生在當事人的同儕團體、學校和當地社區間，照片會被用來網路霸凌和騷擾受害人，同時間，這些照片也常會落入偏好性侵少年兒童的人手裡或他們的電腦裡。我們也看到在網站和熱門平台上，有愈來愈多的帳號尋求青少年的裸照或上傳來自其他社群網站的照片，這樣的行為意圖指認和羞辱牽涉其中的青少年，通常是女性。其中有一個網站叫做「澳洲婊子」，你可以要求他人上傳裸照，或者依照姓名和地點進行搜尋，某些情況下亦可根據學校。也有頁面或帳號專門用來「評量」性愛表現或長相，這些都會對受到批評的人造成毀滅性的影響。

⚠ 如何預防？

首先，了解孩子使用的產品

　　在買一台裝置給孩子前，或在讓他們使用家庭共享的裝置前，確保你知道怎麼用。查看裝置提供的家長監護和密碼限制功能，並選擇擁有最佳安全性設定的一台。你不確定的話，在購買之前，先詢問裝置可以限制哪些功能。很多地方都提供免費教學，所以把裝置交給孩子之前，先去報名學習怎麼使用。我們知道三歲的孩子就有能力照相和發布照片，

並可以毫無畏懼地登入網站和應用程式，所以在你把裝置交出去以前，要先溝通。

不管孩子的年齡，設定實際和清楚的使用規則，並考慮藉由家長監護和限制關閉如攝影機的功能。要記得，你孩子可能有一個朋友擁有無限制的權限，所以這必須要說清楚。市面上也有很多有效的第三方產品供家長用來管理孩子的網路世界（參考第十一章）。

接著，試著與孩子聊聊裸露自拍

大幅降低孩子的風險的最好方式是從一開始就參與，並在他們蛻變成青少年的這段期間，持續與他們溝通。家長必須跟孩子進行許多尷尬或難為情的對話，情色簡訊的話題無疑屬於這個類別。現在的父母甚至無法覆述自己父母和自己有過的對話，因為在二十年前這個問題還不存在，但這是一個你必須進行的對話。

你怎麼開啟這些對話呢？既然你了解自己的孩子或照顧的孩子，那就以他們可以理解程度作為溝通的基礎點。如果他們可以使用的裝置能上網或有照相功能，現在就是開始溝通的時機。

面對年紀較輕的小學生時，我不使用「情色簡訊」一詞，但面對五年級和六年級（十一歲到十三歲），我的確會談及「裸露的自拍」。從拿出他們可愛的寶寶照片開始（那些你計畫用在他們二十一歲生日投影片的照片、那些尷尬的裸露寶寶洗澡照和裸露的海灘寶寶照），然後討論為什麼現在他們上了學以後，你就不再拍這些照片。問他們是否會在運動或參加其他活動時不穿衣服，還有為什麼。他們都會給出正確的回答，做出像是這樣很粗魯、不對、很怪的評論。稱讚他們給出正確的回覆，並討論我們如何依照不同的情形著裝，譬如在海灘上穿泳衣。另外也向他們提及爸爸媽媽不會一絲不掛地出家門。

給予孩子情境，引導他來評斷

談論情境也很有用。其中的例子可以是：「如果網路上有人跟你要一張你的照片，你會怎麼做？」或者「如果有人要你脫掉一些衣服拍照，你會怎麼做？你會告訴誰？」當然，他們的第一個反應會是：「說不」，因為他們知道這樣的行為很粗魯且錯誤。問題是，有時候當孩子獨自一人承受壓力時，他們不會做平常會做的決定。所以也要討論「如果有人寄給你一張照片，但你沒有要求，你會怎麼做？」和「如果你知道某位朋友的照片被流傳開來，你會怎麼做？」

當孩子因為苦惱的事向你求助時，你須要做的是讓他們感到自在，尤其是網路上，因為事情很快會失去控制。向他們保證，如果他們告訴你網路上發生的事，你不會生氣。對於孩子而言，惹上麻煩的恐懼是造成他們無法主動坦白的一項抑制因素。針對應變網路上發生的不好的事，你可以制定一個符合年齡的規定和建議清單。愈簡單愈好，因為對年幼的孩子而言，愈少愈好，所以可以只列出以下規定：

- ✔ 勇敢說不。
- ✔ 放下裝置或遠離。
- ✔ 告訴媽媽、爸爸或可信任的大人。

當對象是小學生時，我談論「可以」的照片和「不可以」的照片。這是幫助孩子了解何時該向你說的簡單方式。譬如：「不可以」的照片是指一張不可以在家外面的大街上拍的照片（因為當事人沒穿衣服），而「可以」的照片是指可以拍的照片（你有穿衣服）。然後告訴孩子如果有人傳給他們一張「不可以」的照片或要他們傳一張同樣的照片，他們必須告訴你或最親近的大人。

選擇適當時機，從時事文章切入討論主題

跟青少年談論任何稍微有點難為情或尷尬的事非常困

難，但必須要做。不要因為你覺得不好意思而拖延。選擇適合的時機。有年幼弟妹在場的晚餐時間或祖父母來訪期間，是兩個不該討論這件事的時間點。找一個安靜的時間，不會被打斷或沒有其他壓力（譬如在測驗期間或他們正好剛在學校跟最好的朋友吵架），並冷靜理性地進行溝通。

多數孩子不讀報紙或看新聞，但開啟這個話題的一個方式是談論報紙或網路上的文章。可以從「你有看到這個嗎？」說起，然後將文章的部分讀出來。不要批判或做出負面的評論，像是「她一定是個墮落的女人」或「什麼樣的人會做這種事？」因為研究告訴我們很多學校裡的孩子正在進行這些行為。如果你的孩子已經得處理這個情況或拍了這樣的照片，你不想要讓情況更糟。詢問他們對此的感受，還有他們是否在學校聽說過這樣的事，然後引導到問題像是「所以如果有人跟你要你裸露的照片，你會怎麼做？」準備好接受他們「當然要說不！」的答案，這是你想要聽的答案。這也是孩子相信自己應該做的回應。但事實與之相反。

澳洲青少年現在將傳送裸照或情色照片當成新的二壘。一壘是在網路上連結，二壘是傳送照片，這是在親吻之前。這非常非常令人憂心。

告訴孩子不論發生什麼事，你都會在他身邊

關於自拍裸照的對話須要納入可能的後果。大多數的相關媒體報導將女孩貼上名譽受損的標籤，而男孩幾乎都被描繪成可能面對刑事指控的的犯罪份子。這樣偏頗的報導幾乎無法幫助任何人，如果你在這領域工作得夠久，你會知道這樣的標籤是明顯不正確的。男孩和女孩都可能是受害者，可能被傷害，也可能是傷害別人的人，二者的名譽均可能受損。然而遺憾的是，大眾對於男孩傳送私處照的觀感跟女孩回傳給男孩一張胸部照是截然不同的。雖然這是雙重標準，但事實就是如此。

如果孩子告訴你發生了什麼事，確保他們知道自己不會惹上麻煩。這是孩子最大的恐懼。盡量讓對話保持正面，向他們傳達，不論如何，他們都可以來向你求助，而你會給予支持。也許你須要嘗試幾次才能成功地進行這些對話，但不要放棄。如果你已經盡早開始溝通，讓對話變成例行之事，你的努力會獲得回報，千萬不要覺得自己太晚開始！

某些年輕人評論說他們不總是認為父母或其他成年人真的在聆聽自己的話。聽取孩子的評論和建議，讚美其正面的想法，並針對你看得出會造成問題的想法，以和緩的態度建議孩子替代的方案。如此一來，這些規定就能形成一份親

子線上安全協議（範例請參考附錄）。這包括了網路使用的時間限制、准許使用的網站和應用程式、禁止在網路上分享個人資訊、禁止跟你不認識的人談論或玩遊戲。及早進行溝通，時常溝通——將此變成你的口號！

一名八年級的女孩曾因性愛簡訊的問題接受過我的幫助，她寫了以下的信件讓我分享給各家長：

去年我上了高中，從一個年級只有十八個人變成將近一百個人，這是我沒有預料到的改變。我還不清楚社交上會遇到什麼樣的事。

後來在同一年，我開始跟暑假認識的男生傳簡訊。他感覺人非常好。這個男生最後跟我要一張照片。我不知道他在說什麼，是拍我的臉還是什麼的……我極其困惑。所以我問他，什麼樣的照片？他回答像是「脫掉你的衣服」的話，但我不太記得。最後那晚我沒有傳給他照片，但他沒有讓我忘記我拒絕了他，一直要求，最後我真的傳給他一張。我想我渴望感到自己很特別。

一直到後來，我才發覺他不只跟我要過照片，他也跟很多其他的女孩要過，而我只是另一名受害者。

幾個星期過去，他很多朋友開始傳簡訊給我。他們明顯知道我做了什麼，並且也想要一張照片。我喜歡其中一個開始跟我傳簡訊的男生，我覺得他很不錯。他也跟我要過很多次照片，並保證會回傳一張。這不是我想要！他最後說服了我，我也傳了一張給他。他最後沒有回傳照片給我，因為他的照相機不能用……

我從痛苦的經驗學到怎樣才不會牽扯進性愛簡訊裡。我現在非常後悔，就是這麼一瞬間誘使我犯下錯誤，按下了傳送鍵。

沒有人應該受到像我一樣的對待。我猜這只是那時所有男生在做的事，而我和一些朋友被捲進其中。我想，如果在上高中或在被賀爾蒙旺盛的男孩環繞前，我能知道關於性愛簡訊的事，那會對我有所幫助。

之後我發現媽媽閱讀了關於青少女的書籍，甚至諮詢了我的醫生，想要知道為什麼我表現得這麼無禮。那時候，她好像一直徘徊在我身邊，想要知道所有發生的事。然而，如今回想起來，她這麼做是為了幫助我。那些男孩的同年級中有個跟我很親近的女孩，她說服我在這些男孩對我造成更大傷害之前，遠離他們。幸虧有她，我才沒有更深陷其中。

我想家長處理這類問題最好的方式是跟你女兒信任的人談

話，最好比你的女兒年紀大，像是學校裡高一年級的人。我想我信任她是因為她年紀較大，並認識那些男孩，而且我跟她親近的原因是她跟我是同一社堂，也游泳。這讓這件事聽起來很酷且合情合理！

也記得隨時提醒孩子她很漂亮，並且不論如何，都要支持她！

我認為這封信提供了更加清楚正確的觀點。儘管我們的孩子說我們什麼都不懂，他們的內心深處仍舊仰賴我們提供意見和指引。你要堅持下去、始終如一、態度明確。

⚠ 裸露自拍和相關法律

在你和孩子必須要進行的對話中，其中很重要的是向他們解釋拍攝、持有或傳送未滿十八歲的青少年的裸照是一項刑事犯罪行為。目前澳洲各州和領地的相關法律有些許不同。

你怎麼獲得這樣的照片或你是否自願拍下照片傳送出去，都不重要，這個行為仍構成犯罪。讓你的孩子知道：

✔ 不能准許自己犯法（拍下自己的裸照或露骨的照片）

- 不能准許其他人犯法（告訴其他人這樣做沒有問題）
- 其他人不能准許自己犯法（其他人告訴自己這樣做沒關係），例外是如果年輕的孩子作為受害者，被矇騙、威脅或恫嚇而傳送這樣的照片。

維多利亞州近來修法，准許以下青少年傳送裸照情形裡的自由裁量權：

1. 當青少年的年齡差別不超過兩歲
2. 無關威脅、恐懼、恫嚇，或必須分享的威脅
3. 沒有成年人牽涉其中
4. 照片裡沒有其他犯罪情事

澳洲各州的法律將孩童定義為十八歲以下，南澳的定義則是十六歲以下。所有人皆須遵守的澳洲聯邦法律在此情形下將孩童定義為十八歲以下。澳洲的州法和聯邦法規定，這些照片應被視為兒童性剝削的色情材料。當處理這樣的犯罪時，並無自由裁量權、法律漏洞或其他機制容許撤銷對加害人的指控或淡化加害人的角色。然而，另一方面，我們不應將一時衝動的年輕人與戀童癖等同視之。我們的法律尚未能跟上科技及其為人所應用的方式。除非是百分之百的犯罪，要不然不應將年輕人與其行為歸為犯罪。孩子正受到與戀童癖一樣的指控，這是錯誤的，但除了維多利亞州，目前沒有

其他的替代方案。維多利亞州和南澳均有專門的法律管束非合意的親密照片分享，不分年齡。南澳法律規定，照片中的人若是十七歲以下，刑責將加倍（請參考第十章更多關於法律和網路的資訊）。

孩子傳送裸照後的應變方式

- ✔ 不要大吼、尖叫或慌張，試著保持冷靜。在這個時刻能與孩子理性溝通是非常重要的事（你可以事後再發怒或煩憂）。
- ✔ 告訴他們你的憂慮和懷疑，給他們時間回應。
- ✔ 試著找出事情發生的方式和時間，另外還有誰牽涉其中。照片現在去了哪裡？有誰持有這些照片？當時的情況為何？照片收件人是誰？照片是否已被轉寄？是照片還是影片（網路攝影機／Skype）？盡量搜集資訊，愈快愈好。
- ✔ 安排與學校人士談話（諮商員、導師、年級課程統籌員或校長），讓他們知道發生了什麼事。這很重要，因為如此一來學校才能依照規定支持你的孩子。如果他們不知道，他們並不一定猜得到有什麼事不對勁。同時，如果照片在校內傳開，他們就必須介入。
- ✔ 要注意，在某些情況下，警方可能須要介入，學校的確承擔了特定的法律義務，必須通報類似事件。請不要因為擔

心警方的介入而向學校隱瞞。警方最適合處理這類事件，也具備用來盡量降低事件影響的工具。警方也有能力取得數據，並追蹤電子通訊。很重要的是，當你得知這樣的問題後，要馬上採取行動，或者當你覺得處理這個問題已超出自己的能力範圍，或者已有很多人取得了那些照片。

✔ 考慮其他服務，像是讓家庭醫生轉介至青少年心理師。某些孩子很快能忘掉這些事，某些不然。相信你的直覺，譬如說你的孩子的舉止變得更糟等。

✔ 如果你相信情色簡訊的起因是孩子在網路上遭到性誘拐，而非青少年的天真無知，更多意見請參考第五章。

所有的父母都應該擁抱科技，因為它是有價值的工具，也應該參與孩子在網路上及現實裡的活動。父母必須知道孩子去了哪裡、在網路上做了什麼，就像知道他們的日常生活一樣。溝通是關鍵，必須制定規定和界線說明可接受的網路行為。

千萬不要因為某個可能在網路上發生的問題，而威脅懲罰他們完全從網路斷線或禁止使用科技。國際和澳洲研究明確顯示大部分年輕人若在網路上發生問題，不會告訴父母，因為他們害怕被禁止使用網路。你必須鼓勵孩子告訴你在網路上發生的一切問題或犯的錯，不必害怕受到禁網的懲罰。

網路和網路空間都是公眾場合。一旦照片被發布，它們將永遠留存，沒有人收得回來。更多關於澳洲政府最新影像暴力（Image Based Abuse）的通報工具，請參考網路安全委員會的網站。

情色簡訊快速應變清單

- ○ 保持冷靜。
- ○ 告訴孩子你的憂慮，並給他們時間回應。
- ○ 盡量搜集資訊，愈快愈好。
- ○ 安排與學校人士談話。
- ○ 要注意警方可能須要介入。
- ○ 考慮拜訪家庭醫生，要求轉介至孩童心理師。
- ○ 如果擔心性愛簡訊是因為網路性誘拐，參見第五章。

　　二零一八年，衛生福利部分析一千多件兒少遭性剝削案件，其中高達百分之五十三為拍攝、製造兒童或少年的不雅照或影片，這些案件約一半都是被害者的私密照或影片遭散布、外流於網路。散布影像的人高達七成是與被害者熟識，對象分別有同學、網友、男友或前男友。外流的私密影像中，約百分之四十六是來自兒少自拍，近七成的兒少被害者則是遭加害人引誘、脅迫，而將自拍私密照傳給加害人，導致影像散布於網路世界。

私密影像被散布，或受威脅時……
第一步－求助告訴老師、家長，或打 113。
第二步－蒐證保留對話、相關截圖與事證。
第三步－報警由警方蒐集犯罪證據，並將影像移除。
聯絡 iWIN 網路內容防護機構：02-2577-5118
台灣展翅協會：02-2562-1233
婦女救援基金會：02-2555-8595

iWIN 網路內容防護機構 http://www.win.org.tw/
依照兒少法第四十六條授權，由國家通訊傳播委員會邀集相關主管機關、兒少團體、社會團體、專家學者以及網路服務業者，共同組成任務型審議委員會，協助擬定申訴案件處理等級、分案標準並視執行成效進行檢討。若向此機構申報案件，此機構可協助要求網路業者移除違法內容。

台灣展翅協會 http://www.ecpat.org.tw/

一九九四年成立，致力於防制兒少性剝削及人口販運、提倡兒童人權及兒少網上安全，檢舉與防範色情網站，提供協助以及研習課程訊息。

....

兒少上網安全守護行動

1. web547 檢舉熱線：提供網路使用者檢舉網路違法及不當資訊。

2. web885 諮詢熱線：提供民眾諮詢上網安全相關問題。由律師、青少年輔導專家、心理諮商師、精神科醫師等所共同組成的專業顧問團隊，能對諮詢者的諮詢做全面性的建議。

3. smartkid 網路新國民：提供兒童、少年、家長等不同年齡層的上網安全資訊並進入校園宣導。

....

白絲帶關懷協會 http://www.cyberangel.org.tw/

二零一零年正式成立，致力於提倡網路安全和兩性教育，提供家庭網安關懷熱線，提供網路成癮預防及因應諮詢服務。

....

勵馨社會福利事業基金會 http://www.ecpat.org.tw/

該基金會以基督信仰與專業倫理為核心價值，用實際行動來關懷台灣的兒少與婦女，預防及消弭性侵害、性剝削及家庭暴力對婦女與兒少的傷害。

第8章

他們為什麼不肯下線？

孩童網路成癮的情況相當普遍，無法掌控合適的網路使用時間，身心健康大受影響。父母也必須注意遊戲的分級、內容是否暴力、孩子會在線上接觸到的人等等。

過度使用遊戲和其他網路應用程式對全世界的家庭造成極大的憂慮。一九九六、九七年由古德伯格博士、楊博士和布拉克博士在美國的一項學術研究裡，首度將之作為新興問題探討，而隨著時間過去，不當的網路使用情形持續增加。

　　縱然已有一些研究探討關於真實的網路「成癮」問題，我們對其認知通常仍來自軼事傳聞。大部分關於孩童與網路成癮的焦點在於玩遊戲。然而，也有其他網路相關問題可被形容為成癮行為。

　　就像不是每個喝了一杯酒的人都會變成酒鬼，也不是每個投了五塊錢進撲克機器裡的人都會變成賭鬼，我們必須了解不是每個玩線上遊戲的人都會有問題。不過，當在決定線上遊戲是否為麻煩事或更加嚴重的問題前，父母必須意識到幾項關鍵事實。

　　有些來自醫療從業人員的傳聞證據顯示，誤用網路和應用程式會帶來嚴重的問題。來自美國網路行為中心（Centre for Internet Behavior USA）大衛・葛林飛爾德博士（Dr David Greenfield）指出：

　　網路似乎能夠改變情緒、動力、專注力，使用者會有解離和解除抑制的經歷，某些人的使用模式可能變成濫用，並有難

以抑制的傾向……很多如工作等的日常行為似乎會被這強大的科技所影響。

玩太多「當個創世神（Minecraft）」？

最近一位父親問我，他的八歲兒子每晚玩四小時的「當個創世神」是否不當。他接著說道，他想要限制玩的時間，但他太太買了多種可攜式裝置，這代表兒子可以更輕易地玩到遊戲。當要求兒子下線時，他變得非常生氣。我說每晚四個小時絕對有問題，且必須馬上處理。我們談到最容易有風險的孩童類型（更多資訊請參考第八章中〈誰是高危險群？〉），他說他的兒子難以克制自己，並且是個完美主義者，在把事情弄好以前，他不會罷休——這些人格特質都可被視為潛在線上遊戲問題的風險因子。接著，他告訴我兒子玩遊戲時全神貫注到會坐著拔自己的眼睫毛。這顯然是個問題！

　　醫療人員診斷症狀是否為精神或心理疾病必須根據《精神疾病診斷與統計手冊》（*Diagnostic and Statistical Manual of Mental Disorders (DSM-5)*）。網路成癮為失調症的概念

在一九九五年首次由艾文・古德伯格（Ivan Goldberg）提出。網路成癮未包含在《精神疾病診斷與統計手冊》的第五版裡，但這個問題已在過去數年間成為熱烈討論的話題。

第五版手冊於二零一三年五月在美國精神醫學學會年會出版，其中第三部分將電玩失調（Internet Gaming Disorder）定義為：「……在考慮將其以正式疾病納入主要手冊前，有必要進行更多臨床研究和經驗的症狀」。

因為此疾病尚未被承認，亦無法診斷，對於想要申請醫療費用退款的家長，可能造成問題。此症狀目前仍在討論中，臨床醫師仍無明確的診斷工具。然而，這個問題在全世界已有充分的證據，通常伴隨悲劇性的後果。例如，亞洲有許多死亡事件肇因於持續且過度地沈迷於線上遊戲。

⚠ 問題行為源自於遊戲設計

當線上遊戲對某人或其家人造成負面影響時，就會變成一個問題。通常玩遊戲的人沈迷於其中，無法看見問題。在最壞的情況下，玩線上遊戲能佔據一個人的生活，並將其他人排除在外。一般相信男生較容易發生線上遊戲的問題，女

孩比較不想要登出社群網站，她們想要二十四小時連線，並患有錯失恐懼症。年輕的男孩對登出遊戲網站明顯不情願，其中某些會變得躁動不安和暴力，並在最終斷線時出現臨床的戒斷症狀。

目前有大量關於哪些遊戲最容易成癮的對話和研究，卻沒有簡單的答案。當任何遊戲對一個人產生負面影響的時候，就會變成一個問題。線上遊戲運用高明的設計來對準大腦裡的接收器；它們通常利用間歇的獎勵，讓你覺得須要一直玩下去，因為你不知道什麼時候才會得到獎勵。很多遊戲也會因為你提前登出，而祭出懲罰。舉例而言，如果你沒有達到所謂的「保存點」，它們會將你的分數減回到最初的分數。沒有人想要花一個小時玩遊戲，最後卻發現徒勞無功。它們也常會連結你跟其他玩家，這代表你會覺得當他們在線上時，你也必須待在線上。問題是這些人通常在世界的另一端，所以你得在睡覺時間上線。

關於年輕男孩行為的報告中兩款最常出現的遊戲是「當個創世神」和「魔獸世界」。這不代表這些遊戲很糟，但當同樣的遊戲一再被提及時，我們應該研究看看，並在必要的情況下採取行動。就「當個創世神」來說，這是非常聰明且具啟發性的好遊戲，但某些孩子似乎的確在這遊戲上耗盡時間和精力。「魔獸世界」（簡稱「WoW」）頻繁出現在醫學

和研究文獻裡，被形容為具有高度成癮性的遊戲，能導致嚴重的心理問題。瑞典青年關愛基金會（Swedish Youth Care Foundation）的思文·羅蘭哈根（Sven Rollenhagen）在他二零零九年的報告中指出：「我們研究的所有電玩成癮例子均與『魔獸世界』相關。這款遊戲是電玩世界的快克古柯鹼。某些人真的無法從中脫身，並會一直玩到他們不行為止。」這已是九年前的報告，現在有很多其他關於此遊戲高度成癮性的參考資料。

倫敦塔維斯托克中心（Tavistock Centre）婚姻諮商的心理醫生暨網路成癮專家——理查·格拉漢博士（Dr Richard Graham）說：「我某些客戶會談到有時候一天玩十四或十六個小時的遊戲，完全沒有休息，不吃不喝，不眠不休……對這些人而言，後果可能很嚴重。」

以下引用自美國精神醫學學會於二零一六年五月發表的網誌文章：

研究顯示電玩失調尤其與線上角色扮演遊戲相關。雖然研究有限，一項二零一六年的研究調查了玩線上遊戲的成人，發現幾乎百分之十四被認定為具有電玩失調的風險，這些人大多介於二十到三十歲的男人，多數有全職工作。當中大概百分之六十每天花兩到四小時玩線上遊戲，超過百分之十五每天花超

過四小時玩遊戲。

研究也發現符合罹患電玩失調標準的人經歷了跟物質使用疾患一樣的症狀，如：耐受性增加（需要更多），且從遊戲脫身以後經歷戒斷症狀。

目前專家對於網路的過度使用、症狀、測量方式和用來形容的語言，尚有許多不確定因素和歧見。然而，很多人正遭遇問題，而很多家長很擔心自己的孩子。隨著科技持續發展，進一步的研究能幫助釐清這些問題，並找到可以幫助這些家庭的工具。

⚠️ 良好的線上遊戲習慣

玩遊戲不是完全不好！我最小的孩子藉由小熊維尼學習數學和地理，並在《神偷卡門》（Where in the World Is Carmen Sandiego?）學習如何追尋線索和刪去法，但遊戲已經改變了。它們不再是機器裡的一張簡單的磁碟，不再是會終結的遊戲。藉由玩遊戲和世界上其他人連結亦好亦壞。首先，當你的孩子想要玩某個遊戲，你必須自己先好好地檢視那個遊戲。例如：

- ✓ 遊戲的分級是什麼？記得 M（適合十五歲以上）和 MA15+（禁止該年齡以下的玩家在沒有家長陪同下玩）的遊戲完全不適合小學生。
- ✓ 內容暴力嗎？我的孩子將接觸到什麼樣程度的暴力內容？
- ✓ 我的孩子會跟誰連線？
- ✓ 我是否覺得這適合孩子及其發展程度？
- ✓ 這款遊戲是否有已知的問題？做好你的功課，上網至 www.commonsensemedia.org 搜尋相關文章。
- ✓ 一旦你覺得孩子可以玩這款遊戲時，先自己玩玩看，這樣才能確保一切都沒問題。
- ✓ 制定非常清楚的時間限制，絕不讓步。
- ✓ 縱使孩子的朋友也在玩，這並非用來評估遊戲是否適合你的孩子的指引，且不論其他孩子晚上花了多少時間玩遊戲，你必須確保分配合理的時間給自己的孩子花來玩遊戲，並考慮到年齡、作業、運動、家庭活動、就寢時間等等。
- ✓ 將社交和寫作業的時間分開。

〈問題〉

　　最近一次的研討會裡，有位母親告訴我，她不允許兒子玩暴力的遊戲，但她會用《當個創世神》的遊戲時間來獎勵兒子的良好行為、完成作業等等。這在理論上聽起來沒什麼問題，然而問題是，她的兒子現在將這些任務匆匆

了事，洗澡快到連身體都沒弄溼，作業也是創紀錄地飛快做完，為的是要獲取更多的網路時間。雖然「除非完成任務，不然不能玩遊戲」的概念令人讚賞，但現在的問題是遊戲變成了焦點，而非次要的獎勵。現在該是嚴格控制遊戲時間的時候了。任務仍得完成，但不論那項任務或作業有沒有完成，遊戲只能在某個時段玩，而不是每一晚。

〈可能的解決辦法〉

坐下來跟他談論你的擔憂（因為你的孩子可能不是很了解）。解釋為什麼你不開心，說明他們這樣是在利用獎勵來玩遊戲，而非專注於該做的任務。如果你的孩子年紀夠大，讓他建議如何讓遊戲時間重回軌道，並一起找到適合的折衷點。如果他們無法承擔自己的責任，制定清楚的時間規定，像是：

- ○ 放學回家、喝東西、吃點心、休息
- ○ 傍晚五點到六點寫作業
- ○ 傍晚六點到七點吃晚餐（不能用科技產品）
- ○ 晚上七點到七點十五分洗澡等等
- ○ 晚上七點十五到七點四十五分玩《當個創世神》
- ○ 晚上七點四十五分到八點半放鬆、閱讀等等
- ○ 就寢

你須要靈活地考慮到其他活動，但至少要制定清楚的遊戲開始和結束時間。

- ✓ 面對較年幼的孩子，確保你知道他們跟誰一起玩遊戲，幫助他們安全地設定遊戲。確保你制定好規則，規定他們可以跟誰說話，且千萬不能在遊戲的環境以外進行私密的聊天（性誘拐也會在線上遊戲中發生）。
- ✓ 思考風險因子（參考本章之後段落）：有任一因子適用於你的孩子嗎？
- ✓ 真實、血腥暴力的電玩，例如應該禁止第一人稱射擊遊戲，例如：《決勝時刻》（Call of Duty）或簡稱為 COD 以及《最後一戰》（Halo），也應禁止 R18+（十八歲以下禁止）的遊戲，譬如：《俠盜列車》（Grand Theft Auto），因為這些遊戲會讓孩子對於暴力和具侵略性的行為感覺麻木。
- ✓ 應該鼓勵倡導學術技巧或社交合作的遊戲。
- ✓ 在遊戲裝置旁放規定清單，確定孩子記得應當遵守的事。
- ✓ 確保他們知道如果有什麼疑慮，都應該登出遊戲，並讓你知道。
- ✓ 當你感到遊戲逐漸控制了孩子，那就是說不的時候。線上

遊戲的問題似乎常常發展得很迅速；只要短短的時間就能從容易應付變成失去控制。保持警惕，不要懷疑自己。

⚠ 誰是高危險群？

- ✓ **焦慮的孩子**：孩子利用遊戲來轉移自己對於擔心和恐懼的注意力，是用來逃避現實世界和所有問題的方法。另有研究顯示不當的網路使用也能導致焦慮。
- ✓ **憂鬱的孩子**：網路可以逃避憂鬱的感受，但花太多時間上網會讓情況更糟。網路成癮且會進一步導致壓力、隔絕感和孤單。
- ✓ **診斷為注意力不足及過動症的孩子**：經診斷為注意力不足及過動症的孩子會比其他孩子花更多時間玩線上遊戲。比起其他典型發展的男孩，患有泛自閉症障礙和注意力不足及過動症的男孩在玩電玩上比較容易出現問題。
- ✓ **亞斯伯格症候群或泛自閉症障礙的孩子**：這些孩子會有強迫行為，對於社會暗示的理解有限，使得他們更容易在玩角色扮演遊戲時出現問題。
- ✓ **欠缺社會支持的孩子**：網路上癮的人通常將社群網站、即時通訊或線上遊戲作為一個安全的管道，以建立新關係和更加自信地與他人相連。

- **「不開心」的青少年**：孩童可能找不到自己的歸屬，在認同上產生掙扎或是家裡有問題。他們在網路上感覺比跟現實朋友相處更為舒暢。

- **感到無聊的孩子**：如果孩子覺得沒事做，對現實生活沒有任何興趣，他們很容易在電玩裡的幻想世界裡迷失自我。如果這是他們唯一感到快樂的地方，他們就會更想要待在那裡。

- **行動較為不便、有身體障礙的孩子**：因為身體上的障礙，這些孩子可能無法和同儕一起玩或加入需要身體移動的遊戲。在網路上，他們和其他人一樣，且可以玩得很好，而在現實生活中他們可能做不到。在網路上，別人不會因為身體的障礙評斷他們。

- **孤單的孩子或現實生活中只有少數朋友的孩子**：不善社交或社交隔絕的年輕人和青少年通常在網路世界裡感到被接納，在現實生活中則無法。他們會逐漸用線上的世界取代真實的世界。

- **有壓力的孩子**：某些年輕人利用遊戲當作逃避問題的方法。某些人利用網路紓解壓力，但這可能造成適得其反的效果。你在網路上花的時間愈長，你的壓力就會愈大。

- **顯示失序行為的孩子（因為欠缺社會規範而造成的疏離）**：失序行為形容的是一個個體與其社群間的社會連結斷裂，這些孩子無法融入群體。

⚠ 何謂不當的線上遊戲行為？

- ✔ **沒有意識到花費在網路上的時間**：你的孩子是否在玩線上遊戲的時候，常常花的時間比預期的長或比分配的時間還長？是否幾分鐘變成幾小時？如果上網時間被打擾，他們是否變得煩躁或易怒？如果你堅持他們登出，他們是否發怒或辱罵？

- ✔ **很難按時完成任務（作業、例行工作）**：你的孩子是否「忘記」或拒絕做例行工作，因為他們正在玩線上遊戲？他們的作業是否總是在最後一刻完成或沒有完成，因為他們似乎沒有時間？叫他們吃晚餐時，他們是否從不現身？

- ✔ **與家人和朋友隔絕（只用線上朋友或其他玩家取代真實朋友）**：你的孩子的社交生活是否因為花在網路上的時間而遭受影響？他們是否忽略家人和朋友？你的孩子是否感覺「真實」生活中沒有人像線上的朋友一樣理解他們？

- ✔ **對於在網路上花費的時間感到內疚或戒備**：「我沒有問題，你才有問題」是那些具有令人擔憂的網路問題的人常有的回應。你是否厭倦嘮嘮叨叨地要孩子離開電腦，並花時間在家人身上或做一些簡單的事，像是一起吃晚餐？你的孩子是否隱藏自己的網路使用，並騙你他們在電腦上花費的時間和在網路上做的事？他們是否在應該睡覺的時間或在你說不行的時候登入？

- **只有在遊戲裡才感到快樂：**你的孩子是否將網路視為壓力、傷心或興奮的情緒出口？你是否試過限制孩子的網路使用時間，但卻失敗？你的孩子是否試過自己限制時間，卻沒有成功？你的孩子是否只有在上網時看起來高興？
- **與日常活動疏離：**你的孩子是否看起來委靡不振，不想要運動，或不想要做他們以前享受的事？他們是否感覺對學校沒有興趣，成績退步？

花太多時間在電玩上的生理症狀包括以下：

- 腕隧道症候群（手部及手腕的疼痛和麻木）
- 乾眼或眼疲勞
- 後背痛和脖子痛
- 嚴重頭痛
- 睡眠障礙
- 明顯的增重或體重下降

　　為了幫助家長和孩童照護者，菲利浦・譚姆博士（Dr Philip Tam）── 青少年心理醫生和不當網路使用專家 ── 發展出了「i.m.p.r.o.v.e」自我評估工具，可用來評估網路使用情形，找出是否有不當的網使用情形，並應考慮哪些治療選項。診斷工具可從 www.niira.org.au 網站下載，由青少年本人（適用年紀較長的青少年）、家長或照護者填

寫。病態網路使用（pathological internet use, PIU）的四個階段為：

- ✓ **第一階段**：輕微影響，為早期問題
- ✓ **第二階段**：影響增強，引起社交圈注意（學校、同儕）
- ✓ **第三階段**：臨床影響，需要特定治療介入
- ✓ **第四階段**：成癮或病態網路使用情形，對社會角色產生重大或完全的影響

病態網路使用情形各階段的相應治療選項為下：

- ✓ **第一階段**：自我幫助、家長協助、在家管理
- ✓ **第二階段**：同儕、學校諮商師
- ✓ **第三階段**：家庭醫生、臨床心理師
- ✓ **第四階段**：心理醫生、考慮住院加上藥物治療

要記得，孩子通常會抵抗父母，但另一個人說一樣的事會有意想不到的效果。如果你很擔心，相信你的直覺，並和其他人談談。

最後，我們不該忽視孩子從玩線上遊戲能獲得的正面益處，這在很多情況下很容易被略過。這不是完全悲觀負面的事。透過遊戲，孩子能發展出解決問題的能力，也可改進、

發展運動技能，更可學習照顧他人、負責任的行為和玩線上遊戲的團體合作。他們也能學習寫程式及其他重要的科技能力，這對他們的未來很有助益。另一方面，負面的影響確實存在，家長必須注意到孩子玩線上遊戲所會產生的各種後果。事實就是同樣的線上遊戲可以有非常好的正面影響，同時也可以有毀滅性的負面影響。

有問題的網路使用行為之快速應變清單

○ 鼓勵其他不需要電腦的興趣：確保孩子可以參加各種不同的活動，包括運動、文化和社交活動。找尋一個他們享受的興趣，參加社團，讓他們接觸各式各樣的選項。如果第一種行不通，那就再試其他的，一定會找到適合的。

○ 管理裝置：電腦、平板電腦和遊戲機一定要在家裡的公共區域，你才能管理內容和使用時間。制定清楚的使用規定，包括時間限制。考慮把 WiFi 關閉，譬如每晚九點。以身作則。如果你無法或不想下線，你的孩子大概也一樣。

○ 使用相關應用程式或家長監護：確保你利用各種相關應用程式、家長監護和限制（參考第十章）腦和電腦的瀏覽內容。你可以限制上網流量，制

定一天內特定的使用時間，例如晚上七點到八點，或者限制使用時間，如三十分鐘。如果你的孩子不願意在規定時間下線，找一個第三方產品幫你。我強力推薦《家庭安全區域》（Family Zone），對於管理孩子使用科技產品的各層面，這是很好的解決方式。可至我的網站查詢該連結（www.cybersafetysolutions.com.au）。

○ 跟孩子聊聊：孩子的電腦使用上出現變化也許是潛在問題的徵兆。他們在學校是否遭遇到問題？他們是否對於某個家庭問題感到特別沮喪？他們是否在適應和交友上有困難？他們是否在網路上遭到霸凌？他們是否被迫為某人玩遊戲？這可能是他們躲進線上遊戲世界的原因。若注意到孩子舉止中任何細微的變化，你應該進行調查。

○ 尋求幫助：當我們的孩子生病或受傷時，很簡單的方式是尋求醫療協助，但父母常在孩子出現心理或行為問題時，難以尋求協助。

不要害怕尋求協助。有很多人具有專業能力，可以協助家長處理各種孩子經歷的問題，包括：

○ 孩子的學校：他們可以將你轉介給各種專業人士。

導師必須知情，這樣他們才能支持你和你的孩子。

○ 家庭醫生：從之獲取建議或藉之轉介至心理治療人員，如心理師，或者造訪 psychology.org.au。

○ 當地社區的健康中心

○ 線上青年心理健康服務，如 eheadspace.org.au、reachout.com.au 或 youthbeyondblue.com

延伸閱讀

目前醫界衡量網路遊戲成癮有嚴格的基準，主要在於是否狀態失控造成生活失能。如果爸媽懷疑自己的孩子有網路成癮問題，建議可以先尋求專業諮詢。現行提供網路成癮的諮詢：

台灣網路成癮輔導網 http://iad.heart.net.tw/
對網路成癮之輔導有深入探討，包括相關文獻、網站以及求助留言版等資源，以提供家長、教師、學校和網路成癮者合適的因應之道。

Web885（網路幫幫我）諮詢熱線 http://www.web885.org.tw
由律師、青少年輔導專家、心理諮商師、精神科醫師等所共同組成的專業顧問團隊，能對諮詢者的諮詢做全面性的建議。

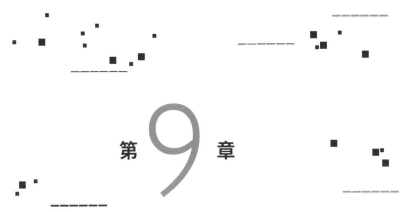

第 9 章

還有哪些網路問題？

主動去了解孩子可能會對什麼話題感興趣,開啟對話,以避免網路的暴力、情色或極端內容早一步成了孩子的啟蒙導師。

對於父母而言，在網路空間晦暗不明的通道裡摸索前行，並思考孩子到底在看些什麼，實是非常令人不安的事。他們是否主動尋找危險的網站？是否有朋友告訴他們一個可以搜尋的網站或一個可以拿去搜尋的關鍵字？他們是否只是天生好奇？他們是否曾不經意瀏覽過不當內容？我應該要擔心什麼？

　　因素決定，例如孩子的年齡、成熟度和心理健康狀況。一群同齡孩子在接觸到同樣內容後，可能會有非常不同的反應。你最了解自己的孩子，所以確保避免他們瀏覽到那些明顯不適合的網站。

　　你必須要確保他們知道你的規定適用於各個地方和所有他們來往的人，因為這樣他們才知道，不論看到什麼或造訪了哪些網站，如果他們知道是錯誤的或內容令他們不快，他們一定要讓你知道。而你應該確保自己不會因為一個簡單的錯誤或好奇心而又叫又吼、過度反應。你可以生氣、感到煩亂或失望，但你一定要用理性的方式傳達。如果孩子認為父母的反應會很巨大或可怕，他們會傾向於不告訴你，而這會導致更多的問題，因為如果你不知情，你就無法提供協助。

　　對孩子來說，同儕壓力可以造成很大的問題。他們必須在「作為很酷的團體中的一員」和「爸爸媽媽的規定和期望」

之間做出權衡。某些孩子可以很好地處理這個問題，其他孩子則覺得這非常困難。遺憾的是，雖然你積極監控孩子的上網活動，但如果孩子有很多朋友在網路上做不好的事，而你卻阻止他做相同的事，你可能會被認為是對小孩過度嚴苛。

一名母親上個禮拜告訴我：

我兒子今年升上七年級。他十二歲，所以沒有任何社群網站帳號。他其中一個新朋友為了加他，跟他要了 Snapchat 和 Instagram 的帳號。當我兒子說他沒有在玩任何社群網站，另一個男孩（順道一提，他也是十二歲）回嘴說：「那你是有什麼毛病！」

我每個禮拜都拜訪一間小學，驚訝地發現有多少十三歲以下孩童正在使用具有年齡限制的網站。如果社群網站想要吸引年幼的孩童，他們會改變規定，但我想要請你考慮兩件事：

1. 你為什麼要在孩子尚未需要前，故意置他們於網路的風險中？
2. 你要怎麼合理化自己幫助孩子在網路上謊報年齡，以獲得他們想要卻被禁止的內容？

為此我真的花了很多心血奮戰，因為如果所有家長都適時拒絕孩子的請求，許多的問題就可輕易避免！你不能用私

密帳號來取代規定。即使其他人無法聯繫你的孩子，你的孩子仍能看見不該看的東西。

平均而論，我看到大約百分之七十的五、六年級學生在具有年齡限制的網站上擁有帳號，我也看到大約百分之四十五到五十的三、四年級學生做一樣的事。老師會通報最低年齡八歲卻持有社群網路帳號的孩子！

對於那些制定規定且不讓孩子瀏覽具有年齡限制的網站的父母，類似這樣的統計數字讓他們陷入極大的困難。遵守規定的孩子顯然是少數。沒有小孩應該要因為做了對的決定而感到難受，也不應該有任何小學生可以因為在網路上撒謊，而站上學校的領導位置。這是我試圖跟學校人員傳達的。那些被選為學校隊長或類似身分的學生不應該持有假造或未成年帳號，因為這會給其他學生一個非常糟糕的訊息：「在網路上做錯事沒關係，你還是可以獲得獎勵」。學校在真實世界裡果斷地堅持學生遵守規定，但他們也有義務確保孩子明白，規定適用於任何地方，包括在網路上遵守規定的重要性。

一個六年級男孩的母親聯絡了我，請我提供建議，
他的兒子在一台 iPod 上看到極端暴力的色情內容，這台

iPod 是另一名學生帶到前往學校露營的公車上。學校准許學生攜帶音樂撥放器，但一個男孩帶了色情片。他的兒子感到難堪，並對看到的內容感到不快：被綁起來的女人嘴巴被堵上，不同部位被各種物品、各種男人插入。這很可怕。因為如此，他開始尿床。他無法消除看到的東西，在整個營隊期間裡和之後的幾個月，他都受到嚴重的精神創傷。

　　我絕對無法列下所有孩子可能會在網路上看到的不當內容，我也無法列下所有你須要注意的網站或應用程式。然而，在這一章節，我認為父母必須對以下資訊有所了解：

- ✓ 情色內容
- ✓ 擁護厭食和暴食症的網站
- ✓ 身分盜竊
- ✓ 性敲詐和不雅私照勒索

⚠ 情色內容

首先，你必須了解，你的孩子會在網路上看到情色相關作品。不這麼想是不切實際的。不管他們自己去找（大部分會這麼做）或無意間在搜尋其他東西時看到，我們知道網路上有公開和隱藏的色情內容。這樣的內容可能會在無意的搜尋中出現，譬如：如果搜尋「淘氣的女孩」，很快出現的是性感照片和色情片網站。其他人可能為了學校作業裡須要找幾張可愛的小貓照片，而搜尋了「小貓」（和陰道同字），你能夠想像什麼樣的圖片會出現。如果搜尋「色情」，你會在零點四二秒內獲取大概兩千九百萬個結果。

一項已發表的澳洲研究發現接觸的色情內容的年齡為以下：

- ✔ 十一歲：第一次接觸到色情作品
- ✔ 十五歲：百分之百的青少年已看過色情作品
- ✔ 十五歲：百分之八十的青少女已看過色情作品

然而，我們現在知道第一次接觸到色情作品的年齡是大概八歲。近來，澳洲家庭研究所（Australian Institute of Family Studies）指出所有九到十六歲的孩子裡，幾乎百分之五十曾看過色情內容。

過濾成人內容和其他不當網站的簡單方法

管理孩子的網路使用和保護他們遠離令人反感的內容，其中最好和最全面的方式是使用像是《家庭安全區域》的產品。這是我唯一衷心推薦的產品。如果你不想要做到這個程度，那麼就遵照以下的步驟：

○ 詢問你的互聯網服務提供商是否提供具家長監護功能的數據機。有些公司已開始提供這類服務，所以可以到處問看看。

○ 設定 Google 安全搜索。電腦上每個瀏覽器都須要各別設定，如 Internet Explorer、Safari、Firefox 等等。前往 google.com.au/safetycenter/。

○ 在 YouTube 上開啟嚴格篩選模式，確保不當的影片不會出現。 Google 安全搜索和 YouTube 嚴格篩選模式是一起的。把其中一個開啟，另一個也會開啟，反之亦然。

○ 在孩子的智慧型手機上設定限制，這樣才能封鎖成人內容或者特定網站。現在蘋果 iOS 作業系統可以列出個別網站或選擇封鎖全部成人內容。安卓裝置提供一些限制設定，但你可以使用第三方產品（購買、下載及外掛）。

問題不在於所有的色情內容絕對都很糟糕，而是對於容易受影響的年輕人而言，這類的內容完全不正常。過去，如果一個賀爾蒙旺盛的青少年想要看性感照片，他們的選擇有限。他們無法自己購買，所以他們必須偷看爸爸的珍藏、拿一本姊姊的柯夢波丹雜誌，或者只能單純想像。如果所有年輕男孩看的是類似花花公子的東西，那就沒有這麼糟，但事實並非如此。研究顯示了非常令人擔憂的情形。

兩零零九年由布朗和艾爾因果（Brown and L'Engle）研究發現：「與其他未接觸的同儕相比，早期接觸露骨色情作品的青少年和青少女更可能提早體驗口交和性交。」

布朗柯維爾和羅傑斯（Braun-Courville and Rogers）於二零零九年發現「那些觀看露骨色情作品的孩子更容易進行有風險的性行為，如肛交、多人性交及在性交時使用藥物和酒精。」

而許多全面性的研究同時指出：「觀看色情作品的青少年可能發展出不切實際的性價值觀和信念」，並且「已有結果一致的研究顯示青少年觀看暴力的情色內容跟增加的性暴力行為有關」。

色情片現在可以攜帶，任何時間、任何地方都可以找

到。孩子更頻繁地用手機、iPod 和平板電腦將色情片帶到學校。以下很遺憾地是一個常見的例子：

> 一名年輕的男性性犯罪份子被問到為什麼把女朋友綁起來，強迫她跟他做愛，他說：「電影裡，他們好像很喜歡。」

現在的年輕男孩對暴力變得麻木，他們看得愈多，就愈需要更多虐待和寫實的色情作品來激起他們的興趣。持續地觀看反而讓他們對正常行為持有著偏差的觀念。多數年輕男孩和青少年觀看的色情片都具有暴力虐待、極端和露骨的內容。強暴、拷打和綑綁是常見的主題，通常有著女性流下眼淚的特寫鏡頭。

這類的色情片完全沒有展示愛、兩廂情願或尊重的感情關係。某些青少年並不把口交視為性行為，比較像是過去時代認為的親吻。青少女知道青少年會觀看色情片，知道色情明星長什麼樣子：完美的身材、光滑無毛，她們當然也從不說不。並不是說她們有被問過，而是該發生的就會發生。

接觸色情內容導致了令人擔憂的行為。幾年前，一位家庭醫生告訴我：

我現在看到非常多的青春期少女因為嘗試模仿色情片而受了傷。如果你和我看了相同的影片，我們會知道做那些動作會讓身體受到嚴重的疼痛，影片中的那個人大概醉了、被下藥或兩者。孩子沒有足夠的成熟度或人生經驗，所以我們看到年輕少女嘗試去做男孩要求的事，因為她們不想拒絕。

女孩遭受極大的壓力，必須去做或順從。除非家長開始介入，提供孩子適切的「性教育」，不然我們會培養出的年輕世界無法理解何為合適的性行為和應有的基本尊重。孩子愈早接觸情色內容，愈早進行性行為，就愈容易進行高風險的性行為。珍寧斯·布萊恩博士（Dr Jennings Bryant）發現：「超過百分之六十六的男孩和百分之四十四的女孩說想要嘗試在網路上看過的色情動作，而到了高中，他們多數都已經做過。」

過早接觸色情內容會對孩子對性愛和感情的價值觀、態度和行為造成巨大的影響。現在你必須要跟孩子溝通關於性和感情。最重要的是，請不要讓網路變成孩子的性教育老師。

⚠ 擁護厭食和暴食症的網站

我們都知道網路上有許多不是那麼有幫助的網站，而實際上，有某些網站特別危險。除非你曾有理由接觸過這些網站，多數人不知道這樣的網站真實存在，像是鼓勵飲食失調的網站。人們常說：「為什麼允許這麼糟的東西在那裡？」

沒有任何一個人真正擁有網路，即使每個國家均有法律管束內容，並試圖分級和辨別禁止的內容，網路仍有許多隱晦之處。許許多多令人反感和危險的內容使用的是國外離岸的主機，讓政府更難成功追蹤到位置和要求移除。確保家長知道網路世界裡有什麼是很重要的。你可能永遠都不須要知道這些網站，不過世事難以預料，有備則無患。

「擁護厭食」（pro-ana）意指倡導神經性厭食症這種飲食失調症。通常簡稱為「ana」，且常常被擬人化為一名叫做安娜（Ana）的女孩。較少使用的「擁護暴食」（pro-mia）指的是神經性暴食症，有時跟「擁護厭食」交互使用。在 Google 上搜尋「擁護厭食」，零點三七秒內會出現大約九百九十四萬個結果。

這些網站特別危險，因為就跟兜售危險的醫療建議一

樣。這些網站多數設有聊天功能，用戶可以跟志趣相投的人聊天，和其他支持他們尋求極端變瘦的人。我們知道厭食症和暴食症都是極為嚴重且常造成生命威脅的疾病。患者瀏覽這些網站會迅即讓提供協助的學校、家長和醫生所做的努力白費。這些網站常見的面向包括：

- ✓ 認可厭食症或暴食症為具有高度吸引力的「生活方式」選項
- ✓ 分享快速減肥飲食意見和訣竅
- ✓ 提供如何不引起懷疑地避開食物
- ✓ 跟彼此競爭，看誰最快瘦最多
- ✓ 用禁食的方式「支持」彼此
- ✓ 建議遏制飢餓的方法
- ✓ 建議催吐的最佳方式
- ✓ 建議如何使用輕瀉劑
- ✓ 提出如何在家長和醫生前隱藏減輕的體重
- ✓ 發布自己的照片，以獲得他人對於自己「美麗」、纖瘦身材的肯定

　　如你所見，這些網站可能造成的潛在傷害非常巨大。其他類似的詞彙叫做「瘦啟發」。這些網站充滿骨瘦如柴的照片，遺憾地，這就是此疾病的患者渴望變成的樣子。

　　這些主題通常可以在個別網站和社群網站裡找到。二

零一二年二月，Tumblr 宣布關閉其網誌服務下「主動提倡或頌揚自我傷害」的網誌，包括飲食失調，並在用戶搜尋擁護厭食症的詞語時顯示警語。Facebook 主動移除擁護厭食症的內容，因違反關於鼓勵他人自我傷害的使用者規定。然而，儘管有這些措施，還是有許多網站找得到這類內容。

這個事實傳達給父母明確的訊息。要注意網路上有些什麼，尤其是如果你的孩子對減重感到更加有興趣，患有飲食失調或任何心理疾病。脆弱的青少年受到這些網站吸引，就像飛蛾撲火，並會導致嚴重的傷害。

⚠ 性敲詐和不雅私照勒索

國際刑警組織將「性敲詐」定義為：

使用情色資訊或圖片進行勒索，以從受害者身上獲取性愛上的好處或金錢。這樣的網路勒索常常是由複雜、有組織的犯罪網絡，在類似客服中心的商業地點進行。

雖然犯罪份子不只用一種方式鎖定受害者，但他們常常透過網站進行犯罪，包括社群網站、約會網站、直播或成人

色情網站。為了增加尋得受害人的機會，犯罪份子常常同時鎖定世界上數百個個別用戶。

性敲詐是個不斷增長的問題，不只是在澳洲，全世界皆是。二零零六年，澳洲競爭和消費者委員會的詐騙通報網站 SCAMwatch 每個月收到高達五十三件關於性敲詐的新通報（從二零一五年以後算起，該年最高的每月通報量為十六起）。同時，澳洲當局明顯地正在努力有效處理這個問題，因為某種程度上，這個問題大大地被低估，且許多加害人位於海外。許多受害人不會向當局求助，因為他們覺得永遠也無法把錢拿回，或他們感到羞恥和難堪。

在美國，國際失蹤及被剝削兒童保護中心（National Center for Missing and Exploited Children）的通報專線負責接收少年少女的性敲詐通報。當自從此通報專線於二零一三年十月開始追蹤性敲詐以後，這些通報案例即不斷增加。在一開始的短短兩年整，二零一四及二零一五年間，通報案例總數增加了百分之九十；這樣的增長模式持續不斷，而比起二零一四年同時段的通報數，二零一六年前幾個月內的性敲詐通報案例增加了百分之一百五十。

我從最晚二零零九年開始處理性敲詐案例。這些早期案例都牽涉了成年人，各種各樣的犯罪方式都有。我早期接獲

的性敲詐通報案例裡，其中有一受害人為青少年，並屬於我們現在所謂的不雅私照勒索，詳細內容我會在此章節之後探討。然而，在過去四年間，我看到了明顯更多的青少年在網路上被有組織的犯罪集團鎖定，受害人主要為年輕男子，但去年底，我接獲了第一件牽涉了青少女的案子，而加害人很明顯地是犯罪集團其中一員。

當我們審視不雅私照勒索可能發生的情境，通常會是以下的情形：一名青少年傳送裸照給認識的人，可能是想要引起另一方的注意，為了約會、調情或只是想找點樂趣。過了一段時間，受害人被告知必須持續傳送裸照，因為如果不這麼做，犯罪份子就會把照片發布或分享出去。我甚至看過青少年被威脅如果不跟加害人見面，並答應跟其做愛的話，他們的照片就會被發布或分享出去。

雖然這不是唯一的犯罪方法，但對青少年來說，這是十分常見的情境。維多利亞和南澳目前已有具體法律管束不雅私照勒索的問題，在其他州或大英國協法律裡，這是犯罪行為。網路安全委員會辦公室也提供不雅私照勒索的通報工具，此章節的最後會詳細探討。

如稍早所言，另一個最新的性敲詐方式是由犯罪集團主導，他們鎖定不同的人，為了釣到至少一名受害者，隨機在

社群網站上撒網，只為了等到上鉤的那個人。受害人通常是成年人，但愈來愈多青少年成為受害人，某些例子裡甚至是孩童。國際上已充分記載遭性敲詐的受害男性的自殺案例，可見其遭受的羞辱和恐懼。

以下是我最新接獲的性敲詐通報中一個非常典型的例子：

一名使用了眾多網路平台的十七歲男孩，接受了來自一名「性感女孩」的交友邀請。兩者發展出一段網路友誼，他把女孩加入了所有的社群帳號裡。他的朋友也將這位性感的網路朋友加入了他們的帳號裡。少年（受害人）和性感女孩（加害人）經常聊天，彼此建立了信任關係，他們也開始在網路上調情。女孩開始要求裸照，但起初男孩是拒絕的。過了一陣子，女孩寄來一些自拍裸照，並持續施壓，要求少年也回傳一些照片。最後，少年讓步，寄出了一張照片。他的想法（沒有邏輯）是他們現在是平等的。她有一張他的裸照，他有一張「她」的裸照！他們在網路上調情了大概又一個禮拜以後，她說服少年傳送所謂的「動作」影片。在她收到影片的五分鐘內，威脅便開始：如果你不在明天早上七點前支付五千塊，我就會把影片分享到網路上。這名少年顯然感到驚慌失措，他登出網站，封鎖她。隔天在學校時，他的兩名友人告訴他收到來自「那個跟你聊天的性感女孩」的影片。接著，他告訴母親發生了什麼事。當他的母親聯繫我的時候，她只想要花錢消災。當然，那絕對不是

正確的解決辦法，因為這讓罪犯知道你有錢，並準備好付錢了事。他們視這筆錢為押金，並會持續像你索求。然而，如果得不到想要的（金錢），他們傾向於轉向下一個受害者。

雖然大部分我處理的通報案例都與青少年有關，但去年底，一個就讀菁英高中的九年級女孩在我演講之後來找我，告訴我發生在她身上的事。這是她的故事：

一個「性感男孩」在網路上聯繫了我。我們開始聊天，我也非常享受。那時我剛到了新的學校，沒有很多朋友，感覺滿沮喪的。他會逗我笑。他說我非常漂亮，給我很多其他的讚美，而我期盼著放學，這樣我們才能聊更多。他真的懂我，並讓我對自己感到滿意，在現實中，我覺得很難有這種感覺。最後，他說服我寄給他一些裸照。他說這是讓我證明真的喜歡他的方式，所以我照做了。一當他收到裸照，金錢勒索隨即而來。我非常難過震驚，因為我以為他是真的，而且真的很喜歡我。我感到非常難堪和愚蠢。我在所有的帳號裡封鎖了他，並忽視了他的勒索。我再也沒有他的消息。我猜自己很幸運，但我還是無法相信這發生在我身上。我的頭腦很好，必須夠好才能上這所學校，但我猜任何人都可能被騙。現在我告訴朋友發生了什麼事，這樣我才能警告其他人不要重蹈我的覆轍。他真的非常聰明，而且似乎知道應該說什麼讓我感覺很好。

如果你的青春期孩子成為了性敲詐的受害者，以下步驟將對你有所助益：

1. **不要驚慌**。如果你的青春期孩子告訴你這件事，你絕對也要保持冷靜。記得，這對他們而言非常難為情。如果你和青春期孩子談論此事，確保他們知道要馬上告知一個他們信任的大人。

2. **不要與犯罪份子進一步溝通，也不要刪除帳號**。將所有通訊紀錄截圖，並封鎖他。如果這發生在 Facebook，你可以停用帳號（但不要刪除），並善加使用網路通報程序通報給 Instagram、Skype、YouTube 等等，以移除任何的影片或照片。Facebook 的帳號可以隨時再度啟用，所以你的網路紀錄不會永久消失。同時，注意你可能連結到的所有帳號，以免犯罪份子試圖經由這些帳號聯繫你。

3. **不要付錢**。許多付錢的受害人仍持續遭到勒索更多的金額。某些時候，即便已滿足罪犯的要求，他們依舊會繼續發布那些露骨的影片。

4. **通報警方**。如果自己青春期的孩子或其他人即將遭遇危險，請報警或打給當地警察機關的緊急號碼。如果不是立即有危險，那就搜證並將所有證據帶去當地警察局進行通報。罪犯可能位於海外，當地警察機關可從社群網站帳號和其他來源獲得身分資訊。如果你的孩子未滿十八歲，那麼罪犯持有的是孩童性剝削的色情材料，這在全世界均構成犯罪行為。

如先前所述，我們看到有愈來愈多的不雅私照勒索例子，這常常仍被稱為「色情報復」。不雅私照勒索的受害人可以是任何年齡或性別，而分享親密照片影片，抑或當一段關係變質時威脅分享以作為報復，都不幸地是十分常見的事。這也是家暴的一個常見型態。某些受害人的照片被分享在網路各處，或被人威脅要將照片分享出去。

在澳洲，網路安全委員會辦公室負責管理不雅私照勒索的通告工具，提供給各年齡層的所有澳洲居民。你可以在他們的網站上找到（www.esafety.gov.au）。不雅私照勒索的入口網頁有各種不同的選項，不僅提供協助給受害者，也提供協助給他們的家人和朋友。當中亦有提供進行正式通報的選項、關於通報過程的相關資訊、需要的證據和如何獲取、關於尋求法律建議的資訊和相關州和大英國協法律。

另一項突破性的新計畫由網路安全委員會辦公室和 Facebook 執行，目的是確保當私密照在未經許可下被分享或威脅被分享時，有相關程序可以保證照片永遠不會被發布或轉貼到任何 Facebook 旗下的平台，包括 Facebook、Facebook Messenger、Instagram 和 WhatsApp。這樣的程序讓 Facebook 可以從照片拼湊訊息或讀取照片中獨特的資訊，並將這些資料載入系統後端，防止照片再度被分享在他們的平台上。這樣的程序可在不雅私照勒索的通報入口網頁中找到。

顯然地，預防勝於治療，我們必須協助年輕人了解在網路上分享裸照和影片的風險，尤其是當牽扯到他們不認識的人的時候。有趣的是，多數年輕人不會任意在公共場合與陌生人聊天，更不用說邀請他們回家或在他們面前脫光衣服。然而，在網路上，他們思考和行動的方式非常不同。即便是受過教育、聰明的成年人也會成為性敲詐的受害者，因此，青少年特別脆弱。對於犯罪份子而言，通常如讚美這樣簡單的行動就足以開始敲詐的過程。你應當與青春期的孩子討論性敲詐的真實風險，確保他們知道，當這樣的事情發生時或他們覺得即將發生時，他們可以向你求助。

⚠ 身分盜竊

所有使用網路的人都應該擔心身分盜竊的問題，包括年輕人。他們大部分的生活都在網路上，而且不論什麼年紀，身分若被盜竊將造成心理和經濟上的巨大損失。組織縝密的犯罪集團在網路上和社群網站上撒網，為的是要看看能找到些什麼。當中很多會搜集核對年輕用戶的資訊，將之留存，直到用戶十八歲為止，那時這些資訊對他們更加有用。接著，他們會使用偷來的資訊獲取信用或貸款，並可能以該年輕人的名義欠下鉅額借款。他們也可能會以該年輕人的名

義進行非法活動。如果他們獲得足夠的資訊進入年輕人的帳戶，就能偷走他的金錢和毀損他的信用評級。父母應該確保孩子了解什麼是個人資訊以及不要將之分享在網路上的重要性，即便認識對方。在網路上保持警戒是很好的習慣。

保護孩子網路身分的方法

○ 在分享任何自己、朋友或家人的個人或金錢資訊前，先停下來思考。不要藉由電子郵件或網路揭露個人身分資訊（駕照、健康保險號碼、生日、地址），除非是你主動聯繫，並且認識對方。

○ 若使用社群網站，將安全性設定設成最高。建立帳號時要誠實，但要將所有身分辨識資訊隱藏，不讓公眾和朋友看到。

○ 若無需要，不要告知電子郵件地址。想想看為什麼要提供、帶給你的好處是什麼和這是否代表你會收到不想要的電子郵件。

○ 在網路上給出電子郵件地址前，先閱讀網站隱私政策，這應該告訴你網站將如何使用你提供的電子郵件地址。

○ 千萬不要藉由電子郵件傳送信用卡帳戶資訊。只在安全的網站上使用信用卡付費，找找網址上的

鎖頭或其他顯示該付款頁面為安全的標示。

○ 你可能想要第二個電子郵件帳號。使用你主要的電子郵件聯絡朋友和你知道及信任的公司，另外建立一個給社群網站帳號、訂閱網站或獎勵忠誠計畫等等。

○ 設定高強度的密碼，尤其是重要的網路帳號，並時常更改。每年應該更改四次，並應混合大寫小寫字母、數字和符號。

第 10 章

你能做的事

依循明確的網路教養準則，父母能和孩子一起
在網路上學習、擁抱科技所帶來的益處，而不
會感到龐大的壓力或擔憂。

為了保護孩子的線上安全，如果能提供所有父母一個模板遵守，那就太好了。遺憾地，這既不可能，也不切實際。每個家庭都不同，每個孩子也不同，每個住家更是迥異。這是為什麼每個家長應該要有能力檢視自己孩子的問題，並採取相應的行動。即便你不確定應該做些什麼或不了解真實的危險是什麼，遵照我接下來列出的步驟，將對你大有益處。記得，你無法達到百分之百的網路安全，但你可以做到很接近的程度。請不要覺得「不會是我的孩子」，因為有成千的家長在事後回想時，都希望自己能更早採取行動，而非在事情過後才做出反應。以下某些方法是簡單的常識，某些很有創意，某些則需要時間和耐心，才能達到想要的結果。不要畏縮，保持堅強，要明白你是在做對的事。

⚠ 保護孩子網路安全的簡單步驟

以下的步驟能大幅降低孩子遇到的風險。然而，此清單並非徹底詳盡，且沒有什麼方法能提供百分之百的保護。

- ✓ **臥室裡不要有科技產品**：儘管我們覺得自己做得到，但沒有父母能監控關閉的門後或臥室裡發生的事。所有可以上網的裝置（iPad、手機、iPod、Xbox）都應該放在家裡的

共同區域，但你還是要隨時查看。同時也有睡眠衛生和螢幕使用時間過長的問題，孩子和成人都需要一些時間遠離高亮度的螢幕和在睡前傳簡訊給朋友的誘惑。即便你的孩子不想在凌晨兩點傳簡訊或通訊，還是有很多孩子會很樂意一整夜瘋狂傳訊息。將誘惑拿走。以身作則，並將所有裝置放在廚房的電源盒過夜充電。在大家吃完早餐後再把裝置還給大家。

- **家長的管理很重要**：經過你的孩子身邊，看看他們在做什麼、跟誰說話和瀏覽什麼網站。當你經過時，留意他們有無情緒轉變，是否偷偷摸摸或緊張不安。這不是侵犯他們的隱私權——這是在網路世界的教養方式。制定一個規則，要求他們必須在你經過檢查螢幕時，把裝置放下，讓你看見。這能避免他們快速最小化或關掉應用程式。如果他們違反規定，必須承擔後果。然而，不要花太多時間看他們在做的事。查看他們是否在做他們告訴你在做的事、是否在瀏覽你准許的網站、是否在跟你真的知道的人聊天，給他們讚美，然後離開。

- **不要跟蹤**：比起較大的孩子，你會須要管理年紀非常小的孩子，但要記住，較大的孩子獲取你的信任的前提是必須長期不犯規。一個好的決定並不足夠，你仍要檢查。作為社群網站上的「好友」或「追蹤者」，並不代表你看得到所有的事，但能查看的算是不少。如果你看到某些不喜歡的內容，不要在網路上發表評論，而是直接跟孩子溝通。

不要因為某個「朋友」做了你不喜歡的事，而去懲罰你的孩子，這不是你的孩子的錯。切記，沒有人想要媽媽或爸爸在 Facebook 上跟蹤自己，所以不要留下評論，也不要傳送交友邀請給他們的朋友。只要等待、觀察，並在必要的時候採取行動。

✔ **不要對辱罵做出回應**：確保你的孩子不要對無理取鬧或騷擾評論做出回應，因為這樣只會讓事情更糟。確保你的孩子知道，如果網路上有什麼讓他們煩惱的事，就要馬上來找你，不管是不是針對他們或朋友。確保作為家長和照顧者的你，也不要用自己的帳戶在網路上責備辱罵，或發表不入流且霸凌他人的言論給其他孩子和家長。這沒有幫助，而且記得，你是大人，應當明事理。雖然說的比做的容易，還是要試著以身作則。

✔ **將辱罵言論通報給網站**：所有合法的網站都有使用者條款，說明網站不容許騷擾和霸凌行為。問題是這在多數網站上都不是可以被預防的行為；這種事就是會發生，然後你進行通報，網站方採取行動。現在 Instagram 提供用來立即封鎖辱罵性言詞的工具（最為常見），還包括被用來霸凌某人的特定詞語或用語。這代表此類言論會直接被封鎖，而不是先讓人看見，再進行通報。然而，你必須儘早向他們通報。在 Facebook 上，你能藉由支援控制台追蹤你的通報進度，他們會讓你知道結果。如果你不滿意，可以回傳審查。你可藉由「信賴的聯絡人」功能讓一個朋友

知道你的煩惱，這也會產生一份 Facebook 報告。確保你的孩子在擁有帳號前，先明白網站上所有的安全和通報功能。一起試試各種設定，並一起學習在問題發生前的應對辦法。預防勝過治療。

- ✓ **封鎖和刪除**：如果你的孩子在社群或遊戲網站上遭遇到問題，確保除了向網站通報霸凌評論，你也要封鎖霸凌的人。這個選項可稱為封鎖、刪除或忽略。不要讓霸凌者跟你的孩子保持聯繫，這代表要從所有帳號的好友或聯絡清單中封鎖或移除他們。

- ✓ **如果騷擾持續**：你或許須要關閉帳號或變更手機號碼。你沒做錯任何事卻須這麼做，的確很惱人，但當你的決定是關乎安全時，有時候就是必須這麼做。帳號可以重新建立，但確保你花心力善用所有的內建安全性設定。新的帳號資訊只能給特定的少數人。如果因為霸凌事件，必須變更手機號碼，可以不必支付任何費用。

- ✓ **留下副本**：當你告訴其他人關於網路霸凌的事時，所有人問的第一件事會是「你有留下副本嗎？」留下副本，並將評論貼到另一份文件上，存取起來，接著將之截圖，也許列印出來。利用任何你能夠接受的方式。如果情節嚴重，不要刪除，帶去給學校或警方。雖然警方能夠提取大部分或甚至全部的內容，但如果他們可以直接在帳號或手機上看到內容，初步的調查就會更加輕鬆。學校、工作場域和運動社團仰賴的將是你能提供的存證。如果你看到針對某人的

霸凌內容，你不確定他們是否有看見，那就也留下副本，以協助他們通報。不要害怕直接寄副本給學校，這樣他們才能知道發生什麼事，即便你的孩子沒有參與其中。

- **教孩子立即離開讓他們感到不舒服或擔心的網站**：教導孩子理解早期的警訊，信任直覺是非常重要的，但這對孩子還說非常困難，孩子的大腦發展尚未成熟到能正確解析應對。確保他們知道可以來告訴你他們的煩惱，而不會惹上麻煩。最後可能什麼事也沒有，但很多的假警報總比真的災難要好得多。

- **制定親子線上協議**：對於孩子可以上傳或分享給他人的資料，要制定清楚的準則或家庭規則。包括他們可以擁有的帳號、可以聊天的人、可以使用的應用程式和遊戲、在嘗試新的事以前要先獲得許可、何時可以使用網路及可以使用多久。也要制定違反規則的後果，必須由你加以控管（親子線上協議範例請參考附錄）。

- **千萬不要威脅完全斷網**：父母可以很輕易地說「好，夠了，不能再用手機、網路、iPod 等。再也不可以。」這就像是你的父母說你被永遠禁足！他們難道是認真的嗎？總之，如果可能被威脅完全斷網，孩子通常不會告訴你他們的問題。為了保留好的事，他們寧可忍受不好的事。可以因為孩子違反規定、不寫功課或跟兄弟姐妹吵架，移除孩子使用科技產品的特權，但千萬不要威脅完全斷網。

- **告訴他們不管如何你都會幫助他們**：確保你的孩子了解，

如果他們告訴你一個問題或他們在網路上看到或做過的事，他們都不會惹上麻煩。孩子真的很怕惹麻煩。即便是身為受害人，孩子也會責怪自己或覺得這是他們的錯，而這代表著懲罰。這通常是過度反應，但我們談論的畢竟是孩子。

- ✓ **管理孩子的手機方案：**可能的話，定期查看他們的手機方案、話費使用和通話。警惕任何變更、不尋常的使用高峰、陌生號碼的通話和簡訊紀錄。

- ✓ **學習術語：**父母必須跟孩子一起學習網路，讓你的孩子在一個有趣的環境裡與你分享網路的知識。花時間跟孩子在網路上，就像你也會參與他們的其他活動，像是運動、桌遊和遛狗，一起學習並探索。了解常見網路詞彙和簡稱（參考第十一章）。

- ✓ **需要跟想要：**當父母想要孩子登出網路或關閉 WiFi，最常見的反應是「但我須要用網路做功課。」這當然不是真的，但似乎很多家長都相信。「需要」跟「想要」兩個詞有很大的差異，而孩子的確會將二者混淆。孩子需要某些「連上網路」的時間來下載作業單、為某個作業進行網路搜尋等等，但是他們不須要真的連上網路來做實際的作業。他們不須要用網路寫文章或做數學習題，但他們會告訴你他們必須要上網，因為他們想要，這樣才能一邊在 Facebook 上聊天，一邊寫文章！對於高年級的青少年，要明白他們可能須要上網做團體作業，和同學談論通常有幫助，不過

要確保他們不會濫用這個特權。很多第三方產品能讓孩子上網寫作業，同時間也可以封鎖社群網路和遊戲網站。如果你覺得對你有幫助的話，試看看我最喜歡的《家庭安全區域》。

✓ **下載過濾工具**：確保孩子使用的所有裝置都下載了監控和封鎖的軟體，以降低危害。學校已經有此措施，但住家也應該下載最新的過濾軟體。要記得你無法在手機或平板電腦上下載傳統的過濾工具，所以藉由限制或其他相似設定查看有什麼樣的家長監護功能。過濾軟體有時候可能無法發揮保護的功能，而且了解科技的孩子知道怎麼繞過它。《家庭安全區域》可以管理所有的裝置，包括手機，不管手機從哪來或連到哪裡的 WiFi。如果一個孩子試圖移除這款應用程式，裝置會進入休眠模式，直到家長准許重新開機。

✓ **了解裝置**：如果你要給孩子電子裝置使用，不管是家庭裝置或他們自己的裝置，確保你具有足夠的相關知識，了解其功能和用途。能上網嗎？可以下載應用程式嗎？孩子可以跟其他人聊天嗎？智慧型手機就像迷你電腦，孩子很少用來打電話。事實上，如果你看到一個孩子或青少年在用手機講電話時，絕大部分是跟媽媽或爸爸通話！

✓ **使用家長監護功能**：多數遊戲機有某種家長監護功能，能設定和限制某些內容。電視有兒童鎖功能，許多手機和平板電腦也有另外一層使用限制密碼的監護功能。舉例而言，你可以在 iPhone 上控制的範圍包括關閉照相機（才無法自

拍裸照）、限制某年齡分級的應用程式、限制應用程式內的購買（你必須限制才能避免鉅額費用）、阻擋在遊戲裡加入新的朋友等等。在購買前，看看這些功能，這樣你才能買到最適合你的。你也許想考慮使用外掛程式，來限制網路使用時間長度和時段。其他工具可以讓家長控制撥打和傳簡訊進來的電話號碼等等。蘋果電腦的店家定期提供免費產品教學，建議你報名參加，從中學習。至於其他的裝置，造訪網站或詢問販賣裝置的人。如果他們無法提供協助，那就去別的地方。

✓ **關閉定位服務：**若開啟智慧型手機的定位服務，別人能在任何時候找到孩子確切的地點。智慧型裝置包括內建地理位置定位科技，讓你能辨認裝置的具體位置。就連有些數位相機都提供這項功能，當你拍照時，你實際的位置會在螢幕上的下方出現。這讓其他使用同樣程式的人可以立即知道孩子的所在位置。開啟這個功能也會將位置資訊儲存在數位相片背後的詮釋資料裡，如果這些照片被傳到網路上，只要輕鬆地掃描詮釋資料就可以得知照片拍攝地點。多數裝置現在允許藉由總開關將定位服務開啟，然後允許使用者選擇開啟哪些應用程式的定位服務。依照作業系統的不同，確保照相機的定位設定為關閉或永不開啟。至於其他應用程式，要能鑑別你提供了什麼樣的個人資訊或孩子的每個動向。至少要設定為「只有在使用應用程式的期間才開啟定位」。

- **設定時間限制**：對於孩子的上網時間和活動要有非常明確的規定。試著將社交和遊戲時間與寫作業和讀書的時間分開。制定雙方同意的時間表，但學校作業必須優先。這都是為了平衡玩樂、休息、作業、運動等等的需求。當科技使用時間佔據一切或開始對家庭造成負面影響，就是不允許孩子如此使用的時候了。

- **了解他們使用的網站**：無知不是藉口。如果你的孩子在使用某個網站、玩某個網站或在某個網站聊天，你必須要知道那是什麼及其功能。有隱私權設定嗎？誰能接觸到你的孩子？你的孩子可以接觸到誰？網站內容合適嗎？某些內容是否能被限制瀏覽？是否有年齡限制？網站或應用程式的年齡分級是什麼？到網路上搜尋該網站或應用程式，並自己瞧一瞧，不要仰賴孩子給你的正面使用評論。詢問孩子的老師是否看過特定網站或應用程式的問題。如果你不喜歡、不認為適合孩子的年齡，或覺得對孩子而言是個不安全的地方，那就不要讓孩子使用。

- **檢查他們的檔案**：定期檢查孩子所有的帳號，尤其是社群網站帳號，確保內容適當，而上傳的照片和影片不具有性感或挑逗性質。孩子看待事情的方式跟大人不同，所以常常須要提醒孩子他們的行為會引起什麼樣的觀感和解讀。同時，要定期檢查安全和隱私設定，確保最高的安全性。無法辨認身分的照片通常是件好事，同樣重要的是，要在Facebook 等網站上輸入正確的年齡，才能有最強的預設

安全性設定。

- ✓ **個人資訊保持私密**：確保孩子知道個人資訊為何（名字、街道名稱、出生日期、手機號碼、電子郵件地址和學校）以及為什麼不該分享在網路上。確保他們在網路帳號裡輸入這些訊息前，必須獲得你的許可，這樣你才能評估網站或帳號是否適當，也因此孩子所有設定的帳號都要使用你的電子郵件。我也建議若一定要提供街道名稱時，填入家長的工作地址。至於年紀較長的青少年，確保你有他們電子郵件的密碼。孩子通常認為隱私權的定義就是不要讓媽媽爸爸知道！

- ✓ **遵守網站的年齡限制**：如前所述，許多網站有具法律約束力的年齡限制，尤其是社群網站，通常是十三歲，源自美國的兒童線上隱私權保護法，但也適用於澳洲用戶。應用程式和遊戲也會有分級，所以在允許孩子玩遊戲前，先看看規定。容許孩子認為網路規定不重要並不是好的教養方式，且會造成孩子混淆。在網路上撒謊是很嚴重的事，特別是孩子長大以後認為這樣沒問題。除了法律上的考量，不管你如何監管，多數這類網站就是不適合孩童，年紀較大的青少年也應該管理。如果就讀小學的孩子可以應付這些網站允許的網路互動，那麼小學校長也不用每天處理具有年齡限制的網站所產生的問題。未滿十三歲不得使用的熱門網站：Facebook、Instagram、Kik（分級為適合十七歲以上）、Snapchat、iTunes 和 YouTube（作為帳號持有

人）等等。不要支持孩子違反規定，要知道他們不是唯一沒有這些帳號的人。學習拒絕孩子。

- **設定社群網站檔案為私人：** 所有社群網站、應用程式、照片和影音分享等等都應該設為私人。使用所有提供的安全性設定，讓網站愈安全愈好。記得，沒有什麼事是百分之百安全的，即使是最佳的設定也無法保證不會有問題，重點是將風險最小化。誠實提供孩子的年齡，因為跟成人用戶相比，有些網站提供青少年用戶更嚴格的預設設定。如果你不想要讓朋友看到你的好友清單，將之設定為「只有我看得到」。在保護隱私上，有很多你能做的事。多數需要非常多的時間和心力，但結果絕對值得。

- **只和你認識的人互動：** 社群網站的「好友」應該是孩子在真實生活中認識的人和你認可的朋友。這是其中一個減少潛在風險的方式，因為就如先前所述，人人在網路上都可以是任何人。只因為其他人似乎認識這個人，不代表就可以接受他的交友邀請。一個你不認識的網友在真實生活中其實是陌生人，也應該用這樣的方式對待他。許多網路上的犯罪份子可以接觸到孩子，是因為一旦其中某人接受了他的交友邀請，他就變成了「共同好友」。這是在孩子和青少年間常見的情形，他們盲目接受來自擁有一位或多位共同好友的人傳送的交友邀請。提醒孩子這麼做很危險，而且他們應該先在現實中認識這個人，而不是聽信別人的話。

- **如果事情好得令人難以置信……：** 我們都知道這個說法：

「如果事情好得令人難以置信，這大概不是真的」，這適用於網路，就像其他地方。確保你的孩子知道網路詐騙。教他們不要在沒有先告知你的情形下，點擊任何連結或彈跳式視窗。也告訴他們不可能會這麼幸運成為網站「第一百萬個訪客」或每天贏得一台 iPad，而且名人也不會傳送交友邀請給他們。這些事對孩子而言都很吸引人，所以保持溝通。

✔ **使用高強度的密碼：**密碼是網路安全的關鍵，所以要確保孩子使用密碼。密碼就像前門或車子鑰匙，或者是你 EFTPOS 卡的密碼。要確保密碼夠強（很多網站會鑑定強度）且定期變更。孩子的密碼裡不該有別人知道的訊息，就像他們最喜歡的澳式足球隊或寵物的名字，又或者是能夠被猜到的事情，如最喜歡的食物。確保你知道孩子所有的密碼或裝置密碼（手機或平板電腦），但確保孩子知道不應讓他人知道。孩子將密碼視為可以分享的商品、判斷友情的辦法，他們的確會分享密碼，心甘情願或被脅迫。孩子擔心如果和父母分享密碼，他們會整天登入假裝是他們！這當然不是真的，但這的確歸根究底在於信任。近來有名年輕女孩的電子郵件被盜用，在在顯示孩子有多麼地信任別人。她坦白告訴我自己把密碼給了三個最好的朋友，爾後她所有的設定都被變更，並出現了色情網站和其他網站，帳號的電子郵件地址也被更改。當我說這應該是其中一個朋友的傑作，她的回答是：「但他們是我最好的朋友。」沒錯，

但有時候連最好的朋友都會背叛你。不要冒這個風險。

- ✓ **信任年紀較長的孩子**：年紀較長的孩子不想要爸爸或媽媽在網路上窺探他們，我建議讓他們在一張紙上寫下密碼，把它放在寫有自己姓名的信封。將其密封，並用麥可筆在信封背後的密封處劃上粗線。這樣可以很明顯地看出是否有人嘗試打開信封。把信封放在彼此同意的安全處所，確保你寫下來，以免因為藏得太好而忘記在哪裡！你的孩子可以定期查看你是否破壞了他們的信任，但你也可以放心如果有什麼事不對勁，你可以登入查看。

- ✓ **多步驟驗證登入**：許多網站提供多步驟驗證登入。銀行已施行了好一陣子，你必須藉由用戶名或帳號及密碼登入網路銀行，在與其他帳戶進行任何交易前，你必須輸入銀行傳送至你手機的簡訊驗證碼。其他銀行提供動態簡訊密碼系統給較龐大的交易使用，你也必須輸入系統上的數字。Facebook 等社群網站帳號也提供多步驟驗證登入。多花幾秒多一個步驟登入，可以省下之後數小時的痛苦。

- ✓ **登入、登出**：多數孩子為圖方便，於是在網站上保持登入狀態或在自動登入的選項中打勾勾。這方法迅速簡單，但比起完全登出後再於下次使用時登入，較不安全。確保孩子養成良好的網路習慣是很重要的。這個習慣必須是其中之一，確保你以身作則。

- ✓ **關閉網路攝影機**：若想跟不在身邊的人甚至是鄰街的朋友保持聯繫，網路攝影機會是很棒的工具。現在幾乎所有裝

置都有內建網路攝影機。當登入登出不同的網站時，我們應該在必要的時候才開啟網路攝影機，在無使用的狀態下關閉。愈來愈多的案例顯示傳送到人們電腦裡的病毒會手動取得網路攝影機的權限，這樣的情形令人擔憂。為了防止這樣的情形，在非使用狀態的攝影機上貼一小段膠帶或萬用膠。

✓ **並非是網路上就沒關係**：教導孩子網路上的資訊不永遠都是可靠的。事情可能不是表面上的樣子，人和網站可能是不真實的，就像有些人在現實生活中並不誠實。須教導他們 Google 上搜尋出現的第一個結果未必是他們實際上在找尋的東西。教導他們如何安全瀏覽，並使用內建內容過濾，如 YouTube 的嚴格篩選模式或 Google 的安全搜尋，獲得進一步的保護。

✓ **監督、監督、監督**：針對年紀小的孩童，建議執行非常嚴密的監督，而且年輕的孩子不應漫無目的地上網。家長的監督雖然非常重要，你當然無法二十四小時在場。如前所述，你應制定親子線上協議，然後建立一個適合你的家人的模式。當你告訴孩子不可以之後，他們是否仍在你工作的時候上網？每天早上更改 WiFi 的密碼，直到晚上你回家前都不要給他們。他們是否在晚上某個時間不願意離線？同樣地，更改密碼或純粹關閉主要網路開關。你的孩子是否在晚上爬起來把網路重新開啟？把數據機帶到床舖上！過去我時常收到一個好友的年輕女兒傳來的短訊，她

已經搞懂怎麼用 iMessage。常常在爸爸媽媽已熟睡時，這個女兒很早就醒來，偷溜進去父母的房間「借走」iPad。現在他們每晚關閉 WiFi。可能發生的情形無窮無盡，《家庭安全區域》等產品能代替你做費力的事，並可在固定時間遠端關閉網路或限制使用的功能。不管是什麼，只要對你管用就行。

✔ **尋求協助**：如果你不確定或需要關於網路教養的協助，有很多地方可以尋求協助。網路本身提供非常多實用的資訊，因此，參考看看我列出的實用網站清單（請見第十一章）。學校也是另一個很好的資訊來源。要記得，學校跟你是夥伴關係；他們也希望你的孩子快樂，所以當你煩惱或不確定時，開口詢問。他們通常有專門的資訊工作人員，可以給你正確的指引。其他家長也常常是很好的資訊來源，就像網路論壇。然而，要小心，有些人提供的是危險的建議，因此，對於那些評論的人或提供網路問題建議的人，你應查看他們的身分資格。只因為一個部落客有很多追蹤的粉絲，不代表他們就是專家。很多地方提供過於理想的建議，在真實的環境裡完全沒有助益。

⚠ 網路犯罪及相關法律

　　網路空間裡並不是沒有法律，而且有很多法律能保護使用者不受網路霸凌、騷擾或濫用科技的人所傷害。然而，全澳洲普遍缺少對這些法律的知識、理解和應用。有時候警方是否會介入感覺好像是地域性的公共服務差異。這個情況主要是因為法律中並沒有「網路霸凌」和「情色簡訊」兩個詞，而某些位於一線的警察並沒有受到適當的訓練。網路霸凌是一種圖謀不軌的行為，適用於州和領地的跟蹤騷擾法律。情色簡訊的罪行適用於兒童色情法律。維多利亞州是唯一有特定相關州法的州，稱為《布羅迪法案》（Brodie's Law），適用於網路霸凌犯罪。維多利亞州也首先修法將情色簡訊和兒童色情法律分開，如此一來，年輕的孩子若傳送了自拍裸照，將不會遭到與戀童癖一樣的處置。維多利亞也有法律禁止在未許可下分享他人的私密照片，此項法律適用於孩童和大人。

　　我們必須確保所有科技使用者，尤其是年輕人和家長，都能知道相關法律、何種行為構成犯罪和會有怎麼樣的刑罰。

　　澳洲有兩層級的法律：州法和大英國協法。例行法律構成安全社會的基礎，大部分來自個別的州法和領地法；然而，

有部分大英國協法常被用來起訴個人（特別是科技法律）。如果你住在澳洲首都領地，你唯一仰賴的是大英國協法。

以下是各州或領地最常用的法律項目：

- ✔ 網路霸凌
- ✔ 兒童色情
- ✔ 情色簡訊
- ✔ 網路威脅

請注意到此列表並不詳盡，每個通報給警方的案子都是依據最適切的法律進行評估。雖然各州和北領地均設有法律用來起訴網路霸凌犯罪，但仍舊大量仰賴《一九九五年大英國協刑法典》第四百七十四點一七節：「利用電信服務威脅、騷擾和犯罪」。一個犯罪人同時被州法和大英國協法起訴是很普遍的情形。

澳洲大英國協法

針對網路霸凌或線上威脅的法律：
利用電信服務進行威脅、騷擾和犯罪
《一九九五年大英國協刑法典》第四百七十四點一七節
利用電信服務進行威脅

《一九九五年大英國協刑法典》第四百七十四點一五節

針對情色簡訊、兒童性誘拐和性剝削材料的法律：
利用電信服務製作兒童性剝削材料
《一九九五年大英國協刑法典》第四百七十四點一九節
經由電信服務持有、控制、製作、提供或取得兒童性剝削材料
《一九九五年大英國協刑法典》第四百七十四點二零節
使用電信服務誘拐十六歲以下兒童
《一九九五年大英國協刑法典》第四百七十四點二六節 （C）
使用電信服務準備或計畫傷害十六歲以下兒童、與之發生性關係或誘拐發生性關係
《一九九五年大英國協刑法典》第四百七十四點二五 C 節（卡莉法案）（Carly's Law）

新南威爾士州法律

針對網路霸凌或線上威脅的法律：
脅迫
《一九零零年犯罪法》第五百四十五 AB 節

針對情色簡訊、兒童性誘拐和性剝削材料的法律：
製作、散布或持有虐待兒童材料
《一九零零年犯罪法》第九十一 H 節

北領地法律

針對網路霸凌或線上威脅的法律：

違法跟蹤

《一九八三年刑法典》第一百八十九節

針對情色簡訊、兒童性誘拐和性剝削材料的法律：

持有虐待兒童材料

《一九八三年刑法典》第一百二十五Ｂ節

發表不雅文章

《一九八三年刑法典》 第一百二十五Ｃ節

利用孩童製作虐待兒童材料

《一九八三年刑法典》第一百二十五Ｅ節

昆士蘭州法律

針對網路霸凌或線上威脅的法律：

違法跟蹤

《一八九九年刑法》第三百九十五Ｅ節

針對情色簡訊、兒童性誘拐和性剝削材料的法律：

製作牽涉孩童的兒童性剝削材料

《一八九九年刑法》第二百二十八Ａ節

製作兒童性剝削材料

《一八九九年刑法》第二百二十八 B 節

散布兒童性剝削材料

《一八九九年刑法》第二百二十八 C 節

使用網路等誘拐十六歲以下兒童

《一八九九年刑法》第二百一十八 A 節

南澳大利亞洲法律

針對網路霸凌或線上威脅的法律：

違法跟蹤

《一九三五年刑事合併法》第十九 A A 節

違法威脅

《一九三五年刑事合併法》第十九節

針對情色簡訊、兒童性誘拐和性剝削材料的法律（兒童定義為十六歲以下）：

製作或散布兒童性剝削材料

《一九三五年刑事合併法》第六十三節

持有兒童性剝削材料

《一九三五年刑事合併法》第六十三 A 節

製作不雅影片

《一九三五年刑事合併法》第二十六 D 節

散布侵略性圖像

《一九三五年刑事合併法》第二十六 C 節

威脅傳送和侵略性圖像

《一九三五年刑事合併法》第二十六 DA 節

塔斯馬尼亞州法律

針對網路霸凌或線上威脅的法律：

跟蹤

《一九二四年刑法典》第一百九十二節

針對情色簡訊、兒童性誘拐和性剝削材料的法律：

製作、散布、持有、讀取兒童性剝削材料等等

《一九二四年刑法典》第一百三十節至第一百三十 G 節

維多利亞州法律

針對網路霸凌或線上威脅的法律：

跟蹤

《一九五八年犯罪法》第二十一 A 節

定義職場霸凌（也包含學生間霸凌）為犯罪行為的法律：

跟蹤（《布羅迪法案》）

《一九五八年犯罪法》第二十一A節（D）

針對情色簡訊、兒童性誘拐和性剝削材料的法律：
持有兒童性剝削材料
《一九五八年犯罪法》第七十節
製作兒童性剝削材料
《一九五八年犯罪法》第六十八節

西澳大利亞洲法律

針對網路霸凌或線上威脅的法律：
跟蹤
《一九一三年彙編刑法典》第三百三十八E節
威脅
《一九一三年彙編刑法典》第三百三十八B節

*西澳大利亞並無特定的孩童性剝削材料法律和情色簡訊法律，針對這些犯罪行為，警
方採用的是大英國協法律。

紐西蘭法律

針對網路霸凌或線上威脅的法律：
威脅殺害或造成嚴重身體傷害
《一九六一年犯罪法》第三百零六節

威脅損害財產

《一九六一年犯罪法》第三百零七節

通話裝置濫用

《一九六一年犯罪法》第一百一十二節

針對情色簡訊、兒童性誘拐和性剝削材料的法律：

製作或散布令人反感的出版物

《一九九三年電影、錄像及出版物分級法》第一百二十三節

於知情的情況下製作或散布令人反感的出版物

《一九九三年電影、錄像及出版物分級法》第一百二十四節

持有令人反感的出版物

《一九九三年電影、錄像及出版物分級法》第一百三十一節

於知情的情況下持有令人反感的出版物

《一九九三年電影、錄像及出版物分級法》第一百三十一Ａ節

更多罪行可在《二零一五年有害電子信息法案》中找到。

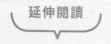

台灣法律

針對網路霸凌或線上威脅

網路誹謗公然侮辱： 可觸犯刑法第三百零九條、第三百一十條，處一至二年以下有期徒刑、拘役或三百至一千元以下罰金。

網路恐嚇： 可觸犯刑法第三百零五條，處兩年以下有期徒刑、拘役或三百元以下罰金。

針對情色簡訊、兒童性誘拐和性剝削材料

製作、散布或販賣兒童性剝削材料： 可觸犯刑法第二百三十五條，處二年以下有期徒刑、拘役或科或併科三萬元以下罰金。或兒童及少年性剝削防制條例第三十八條，處二至三年以下有期徒刑，得併科新臺幣二百萬至五百萬元以下罰金。

網路性誘拐十四歲以下兒童，與之發生性關係： 可觸犯刑法第二百二十一條第一項規定，及刑法第二百二十二條，處七年以上有期徒刑。

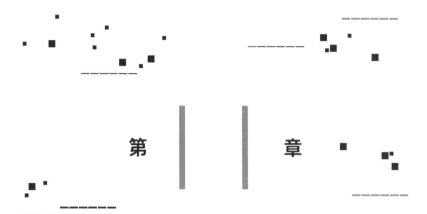

第 | | 章

尋求協助的管道

面對複雜難解的網路安全問題，不須要孤軍奮
戰。豐富的資源能協助父母「對症下藥」，建
立良好的親子互信合作關係。

對於家長來說，要到哪裡尋求建議和協助可能是非常困難的事，而光是增加網路的知識也很困難。大量的網站和旨在提供好建議的教養網誌可能會讓你非常困惑。我很確定這些網站中很多用意良善，但某些卻提供了危險的建議。我曾看過一些和法律背道而馳的網誌，而那是很危險的事。上網尋找建議時必須極度小心，就像我說的，只因為一個網站、帳號或網誌似乎有成千的支持者或追蹤者，並不代表背後的人就是專家或有任何相關的資格。我曾看過有人被稱為「網路安全專家」，因為他們精通科技，也看過那些說「我是家長，我處理過這種事」的人。他們有優秀的技能，但不代表他們就是專家。

⚠ 實用網站

以下網站提供一系列絕佳的資訊，包括各種網路主題、問題和普遍關注領域。這些網站我全部都會使用，大力推薦。某些有相似的資訊，只是以不同的方式呈現，所以這取決於個人喜好。然而，某些網站提供的是獨特的資訊。許多組織有社群網站，所以在 Facebook 上為這些組織按讚，或在 Twitter 上追蹤它們，就能隨時得知最新的消息。

至於教育者和其他相關工作者，我附上了某些我最喜歡的 Twitter 帳號。他們是專家，常會分享關於孩子和教育的實用訊息，建議去追蹤他們。

　　家長必須處理的網路問題時常牽涉其他相關和混雜的問題。若你在事件過後需要心理健康諮詢，或只是有些擔心孩子的情緒或行為轉變，又抑或在思考什麼是「正常」的發展行為，針對這些，我進一步列出了對你有幫助的網站清單。

網路安全委員會辦公室

　　澳洲極為幸運地擁有網路安全委員會辦公室，其職權範圍是為了確保澳洲人有安全和正面的網路經驗。此辦公室的建立為世界首例，其先見之明和領導力令人感到驕傲。目前的網路安全委員專員是茱莉・英曼・格蘭特（Julie Inman Grant），她在科技業有廣泛的經驗，包括微軟、Twitter 和 Adobe。她是個充滿熱情的網路安全擁護人，尤其是針對年輕孩子的安全，她和辦公室為了幫助所有澳洲人所做的工作相當值得稱讚。網路安全委員會是由一群有才華及熱情的工作人員組成，並時不時借助其他獨立專家的專業技能（包括我在內）。

　　如果你上 www.esafety.gov.au，你會找到大量的資訊。

這個網站很容易使用，並包括以下：

- ✓ esafety.gov.au/women
  讓女人在網路上取得掌握權，這對那些逃離家暴的人尤其有幫助。
- ✓ esafety.gov.au/education-resources/iparent
  專為家長和照顧者所設。
- ✓ esafety.gov.au/education-resources
  專為老師和教育者所設。
- ✓ esafety.gov.au/youngandsafe
  提供給年輕人的特別資訊。

　　網路安全委員會的網站能通報冒犯無禮的內容、針對十八歲以下澳洲公民的嚴重網路霸凌內容，以及社群網站公司無法移除的通報內容（澳洲政府計劃的簽署者）。《機器磚塊》（Roblox) 和 Yubo 應用程式最近成為計劃的簽署者之一，這代表在這些平台上任何形式的網路霸凌現在都會由網路安全委員會辦公室處理，使青少年用戶的瀏覽經驗更加安全。網路安全委員會的網站也設有澳洲的不雅私照勒索通報入口網頁。這項工具供所有澳洲人使用，不論年齡，並涵蓋了意見、法律選項和通報工具本身。

網路工具

aftab.com：派芮·阿夫泰（Parry Aftab）的網站，她是美國律師和孩童權益倡導者，並專精網路法律、典範實務、網路霸凌及網路騷擾、網路犯罪和隱私。她也是風險管理和典範實務的諮詢師及顧問，對象為網路和數位科技業的領導人物。派芮充滿力量、熱情，並直言不諱地倡導將網路變成一個對孩童而言更安全的地方。當派芮說話的時候，產業界和政府都會豎耳傾聽。這個網站提供許多很棒的資訊。

antibullyingpro.com：激勵人心的戴安娜遺產獎慈善機構的一部分，此機構的設立宗旨為緬懷戴安娜王妃和她的信念——年輕人有能力將世界變得更好。我很榮幸能支持並推廣此機構的工作和資源，並大力推薦他們的計畫方案。

bullying.org：二零零零年由老師和反霸凌倡導人比爾·貝爾西（Bill Belsey）建立。此網站有很好的霸凌相關資訊，包括網路霸凌。

ceop.gov.uk：這是英國兒童性剝削和網路保護中心（Child Exploitation and Online Protection Centre UK）的網站，也屬於國家打擊犯罪調查局（National Crime Agency）。他們對於網路兒童性剝削的貢獻世界聞名。這個網站是我的最愛

之一，上面包括非常好的資訊、影片和其他實用網站的連結。建議追蹤該網站的 Twitter 或 Facebook 帳號，接收定期更新。我非常推薦。

childnet.com：這是一個來自「國際兒童網路」（Childnet International）的英國網站，國際兒童網路旨於將網路變得更安全的非營利組織。提供許多良好意見和教學資源。

commonsensemedia.org：「常識媒體」（Common Sense Media）的網站，致力於提供可靠資訊、教育和獨立的角度，以改善孩童和家庭的生活。對家長而言，這是非常實用的網站，上面有評論、遊戲、應用程式、網站等等的分級資訊。建議追蹤 Twitter 帳號，在手機上定期接收更新。

cybersafetysolutions.com.au：這是我的網站，提供事實清單等等。此網站也包括了我的聯繫資訊、網路安全教育課程的訊息和其他服務。若有任何問題或擔憂，馬上跟我聯繫。

education.vic.gov.au：維多利亞州教育和早期兒童發展部門的網站。值得一提的是網站上的網路霸凌入口網頁，在上面你可以找到實用資訊，包括事實清單和讓你逐步解決網路常見問題的情境範例。在搜尋列裡輸入「阻止霸凌」（Bully Stoppers）以找到網站中正確的相關網頁。

esmart.org.au：阿拉納和麥德琳基金會（Alannah and Madeline Foundation）的倡議計畫。 eSmart 是澳洲最好的多元網路安全計畫架構，提供學校一系列指引和檢視，確保學校能勝任各種網路安全領域，並協助他們取得 eSmart 的證書。此網站目前為圖書館和職場採用，提供很棒的資訊和資源給家長和教育者。許多州政府也承諾資助，確保當地學校能參與此計畫。此計畫也設有「數位執照」（Digital Licence），這是一項互動式網路計畫，重點教導年輕人關於尊重和負責任的網路行為。

fosi.org：家庭網路安全中心（Family Online Safety Centre）的網站。有提供給家長和照護者的實用資源、公共政策倡導和研究，值得一看。

getnetwise.org：網路界提供的公共服務網站。雖然位於華盛頓，GetNetWise 有良好、易懂和最新關於網路議題和問題的資訊。

microsoft.com/en-us/security：微軟網站的安全相關資訊頁面。如果你使用的是微軟的產品，這是很實用的網站。

missingkids.com：國際失蹤及被剝削兒童保護中心（National Center for Missing and Exploited Children, NCMEC）的網站，於

一九八四年建立。NCMEC 是美國首屈一指的非營利組織，與執法機關、家庭和處理失蹤和被性剝削兒童的專家。美國和其他國家所有的兒童虐待照片都被送至 NCMEC ，經由他們廣大的已知受害人資料庫來進行比對。這是世界頂級機構之一，也是很好的最新資訊來源。

ncab.org.au：澳洲反霸凌中心（National Centre Against Bullying），我是他們的會員。上面有很好的資源、意見和研究。

netsafe.org.nz：紐西蘭獨立的非營利網路安全組織，提供很好的資訊和資源，包括專為紐西蘭所設的通報入口網頁。

netsmartz.org：國際失蹤及被剝削兒童保護中心（NCMEC）的一項互動式教育計畫，提供適齡的資源，教導孩子如何在上線和離線時更加安全。NetSmartz 工作坊計畫設計給五歲至十七歲的孩子、家長或監護人、教育者和執法單位。NetSmartz 提供資源如影片、遊戲、活動卡和演講，寓教於樂。我很喜歡上面給孩童玩的遊戲，網站也會定期更新。

nspccc.org.uk：具領導地位的兒童慈善機構，涵蓋英國、海峽群島和曼島，致力於阻止兒童虐待。有一些非常好的資源供學校使用。

pewinternet.org：針對許多影響美國家庭的趨勢提供正確資訊的事實庫，但對澳洲人而言也適用。其中網路或網路空間的研究主題特別有趣。建議加入網站訂閱定期電子報。

---

safterinternet.org.uk：英國安全網路中心（UK Safter Internet Center），由三個重要組織一起統籌：國際兒童網路、西南學習網（South West Grid for Learning）和網路觀察基金會（Internet Watch Foundation）。有非常多好的資訊，你也可以加入訂閱定期電子報或追蹤其 Twitter 帳號。這是我必去網站其中之一。

---

stopspeaksupport.com：「阻止、開口、支持」旨在協助年輕人指認網路霸凌、知道可以採取甚麼行動防止霸凌和提供受害人支持。此網站屬於皇家基金會專案組（Royal Foundation Taskforce）的網路霸凌預防計畫，由劍橋公爵和公爵夫人的皇家基金會專案組和哈利王子所設立。

---

thinkuknow.org.au：很棒的網路安全課程，一開始是設計來教導孩子關於網路犯罪份子，但目前也包括其他網路議題。起初為英國網站，但目前已由澳洲聯邦警察改編成澳洲版本，作為他們主要的教育課程。

---

wiredsafety.org：世界上最大且歷史最悠久的網路安全、

教育和互助團體。一九九五年由一群為網站分級的志工所建立，「線上安全」（WiredSafety）目前提供一對一的協助、廣泛的資訊與教育，適合各年齡網路使用者的網路與互動式科技相關安全、隱私與安全保障問題。雖然某些資訊僅適用於美國，但不管你來自哪裡，上頭的多數資訊仍切身相關。這個網站是由頂級網路安全專家和律師派芮・阿夫泰所建立（如前所述）。

心理健康和一般網站

blackdoginstitute.org.au：黑犬機構（Black Dog Institute），在情緒失調的診斷、治療和預防上（如憂鬱和躁鬱症）具世界領導地位。

....

butterflyfoundation.org.au：蝴蝶基金會（Butterfly Foundation）的網站，提供給所有深受飲食失調和身體形象所苦的人，及其家人和朋友。此基金會為國家支援線，工作人員為受過訓練的顧問，在協助飲食失調上擁有豐富的經驗。

....

crimestoppers.com.au：「制止犯罪」（Crime Stoppers）的網站，可在線上或經由專線匿名通報犯罪或可疑活動。

....

darta.org：澳洲毒品和酒精研究培訓機構（Drug and Alcohol

Research and Training Australia）的網站，由保羅·迪倫（Paul Dillon）所建立，他是世界知名的藥物、酒精和青少年專家。追蹤保羅的 Twitter 帳號或閱讀他的網誌，他提供了各家長有時直白但極好的務實建議。我很喜歡！

eheadspace.org.au：機密、自由和安全的空間，十二到二十五歲的年輕人或他們的家人可在上面跟合格的青年心理健康專家聊天、傳送電子郵件或通話。

headspace.org.au：這是澳洲全國青少年精神健康基金會（Headspace, National Youth Mental Health Foundation）的網站，提供經歷困境的年輕人協助。此基金會在全澳洲有超過百間的機構，協助一般和心理健康、諮詢、教育、酒精和其他藥物問題。

headstogether.org.uk：由劍橋公爵和公爵夫人與哈利王子共同設立。聚集了八個頂級慈善機構，協助改變關於心理健康的對話。

itstimewetalked.com.au：澳洲很好的資源，協助家長、臨床醫師和教育者處理色情內容和青少年問題，及如何與之溝通。

kidshelp.com.au：兒童求助熱線（Kids Helpline），澳洲唯一免費、私人和機密的通話和線上諮詢服務，專門提供給五歲到二十五歲的兒童和年輕人。此網站上有聯繫資訊供年輕人、家長或照顧者使用。

mentalhealthfirstaid.com.au：針對何時應該擔心及如何幫助有心理健康問題的人，此網站提供很好的資訊。建議報名其中一項課程，學習心理健康急救。

moodgym.anu.edu.au：免費的自助課程，針對容易受到憂鬱和焦慮影響的人，提供認知行為治療技能的教學。

oyh.org.au：歐瑞根青年健康組織（Orygen Youth Health, OYH），位於澳洲墨爾本的世界領先青年心理健康組織。OYH 有三個組成部分：專業青年心理健康臨床服務、國際知名研究中心、整合培訓課程。

parentline.com.au：提供協助、諮詢服務和親職教育，造訪此網站以獲得所在州或領地的相關網頁連結。此網站每天於早上八點至晚上十點運作。

pornharmskids.org.au：eChildhood 是經註冊登記的健康推廣慈善機構，致力解決澳洲年輕孩童和青少年因接觸網

路色情內容產生的有害影響。

....

psychology.org.au：澳洲心理學會（Australian Psychological Society）根據所在地點和專業領域提供合格心理師的列表。

....

reachout.com.au：澳洲內具領導地位的網路青年心理健康服務。如果你不知道要從哪裡開始找起，這個網站是最好的起始點。在網站上，你會找到事實清單、故事和影片、心理健康問題相關資訊、指引、工具、應用程式和論壇，在論壇上，你可以與其他有過一樣經驗的年輕人連結，並與專家聊天，分享你健康與幸福的訣竅。

....

scamwatch.gov.au：屬於澳洲競爭及消費者委員會的其中一部分，此網站針對最新的詐騙、詐騙類型及如何通報，提供很棒的資訊。

....

theothertalk.org.au：澳洲藥物基金會（ Australian Drug Foundation）的網站，提供資訊給父母，協助他們用不同的方式與孩子討論酒精和其他的藥物。重點是讓孩子知道他們能與你討論藥物和酒精，也能討論相關議題，如同儕壓力、健康、派對、安全和期許。

....

youthbeyondblue.com：「超越憂鬱」（beyondblue）的

青少年部門。「超越憂鬱」於二零零零年十月因應國家性的五年倡議計畫而設立，為的是要創造一個憂鬱的共同應對措施。宗旨為不再將憂鬱主要視為心理健康服務的議題，而是為更廣大的社群所理解、認可且著手解決的議題。

教育者與其他相關工作人士的 Twitter 帳號追蹤推薦

以下帳號為教師、研究人員和臨床醫師經營的帳號，除了上述列舉網站的社群網站帳號以外，這些也是很好的參考。其中許多帳號在晚間提供線上聊天，分享知識和重點學習。

艾力克斯・荷姆斯（Alex Holmes）@abcholmes

安妮・慕林斯（Annie Mullins）@Annie_R_Mullins

布里奧妮・史考特（Briony Scott）@BrionyScott

布雷特・薩拉卡斯（Brett Salakas）@MRsalakas

凱薩琳・米森（Catherine Misson）@CatherineMisson

科萊特・斯馬特（Collett Smart）@collettsmart

克雷格・坎普（Craig Kemp）@mrkempnz

丹・海瑟爾（Dan Haesler ）@danhaesler

夏綠蒂・基廷博士（Dr Charlotte Keating）@charkeating

桃樂絲・艾斯佩拉吉博士（Dr Dorothy Espelage）@DrDotEspelage

喬瑟琳・布魯爾（Jocelyn Brewer）@JocelynBrewer

約翰・基尼布爾（John Kinniburgh）@jckooka

賈斯丁・派琴（Justin Patchin）@justinpatchin

卡倫・英格倫（Karen Ingram）@PdhpeNESA

凱蒂・克雷特（Katie Collett）@KLcollett

麥德蓮・麥特森（Magdalene Mattson）@madgiemgEDU

瑪麗・盧・歐布萊恩（Mary-Lou O'Brien）@mlobrien1

麥可・夏（Michael Ha）@MichaelHaEDU

尼克・阿爾查德（Nicole Archard）@NicoleArchard

....

派芮・阿夫泰（Parry Aftab）@parryaftab

....

薩米爾・新度亞（Sameer Hinduja）@hinduja

....

SchoolTV @SchoolTVme

....

宋妮亞・里文史東（Sonia Livingstone）@Livingstone_S

....

斯圖亞特・凱利（Stuart Kelly）@stuartkellynz

....

泰絲・歐久（Tessy Ojo）@Ttall

⚠ 書籍和出版物

《誰在跟你的孩子聊天？》（Who's Chatting to Your Kids?）
ARGOS 專案小組

✔ 很棒的手冊。下載請上 police.qld.gov.au/programs/cscp/
personalSafety/children/childProtection/

....

《毀滅阿瓦隆》（Destroying Avalon）凱特・麥可卡菲力
（Kate McCaffrey）

- ✓ 極為真實地描繪了網路霸凌隱伏的悲劇性後果。這是青少年和家
  長的必讀書籍，適合中學孩童，我建議家長及照顧者先閱讀。

....

《一次拯救一個孩子》（One Child at a Time）朱利安・什
爾（Julian Sher）

- ✓ 令人不寒而慄的著作，書寫網路犯罪份子如何思考和行動。內容
  衝擊，但文筆極佳，訊息豐富。

....

《網路霸凌之上》（Beyond Cyberbullying）麥可・卡爾格
雷格博士（Dr. Michael Carr-Gregg）

- ✓ 這是澳洲頂尖青少年心理師麥可・卡爾格雷格博士於二零零七年
  出版的《網路兒童》（Real Wired Child）的更新版。其他重要
  著作包括《擔憂的時機》（When to Really Worry）、《冷漠公
  主症》（Princess Bitchface Syndrome）和《傻瓜王子》（Prince
  Boofhead）。

....

《我們的兒子怎麼了？》（What's Happening to Our Boys?）和《我
們的女兒怎麼了？》（What's Happening to Our Girls?）瑪姬・漢
彌頓（Maggie Hamilton）

- ✓ 瑪姬・漢彌頓寫的兩本非常棒的書，助於了解孩子接觸的事物及

其對孩子造成的影響。

- -

《養女兒》（Raising Girls）和《養兒子》(Raising Boys）
史蒂‧畢朵夫（Steve Bidulph）
✓ 史蒂‧畢朵夫最新著作，書架上絕對值得的收藏。

- -

《龐大色情產業》（Big Porn. Inc.）梅琳達‧坦卡德‧萊
斯特（Melinda Tankard Reist）和阿比蓋爾‧布雷（Abigail
Bray）
✓ 這本書強而有力且具衝擊性，某些部分更是極為可怖。如果你曾
  想過孩子在看些什麼以及為什麼接觸色情內容會造成嚴重問題，
  那麼這本書很適合你。不要讓網路變成孩子的性教育者。

- -

《十四歲》（Being 14）麥當娜‧金（Madonna King）
✓ 在訪問超過兩百個青春期少女後，麥當娜‧金如實地陳述她們經
  歷過的事和如何支持她們蛻變為絕佳的成年女性。

- -

《女孩事》（Girl Stuff）和《女孩事：八到十二年級》（Girl
Stuff 8-12）凱茲‧庫克（Kaz Cooke）
✓ 資訊豐富的指引，教導青少年和兒童關於女孩應該知道的難堪及
  討厭的事。以聊天和引人入勝的方式書寫。女孩都非常喜歡。

- -

《兒童不宜》（Not for Kids）麗茲‧沃克（Liz Walker）

- 此童書以溫柔的方式介紹網路上的露骨照片、照片帶給孩子的感受及孩子應該要跟誰說。適合十歲以下的兒童。

....

《儘管問我》（Ask me Anything）瑞貝卡・史貝羅（Rebecca Sparrow）
- 針對六十五個青少女會想要問的匿名問題，提供了衷心的解答。嚴肅卻有趣的書，能協助孩子度過青春期。

....

《一定要與兒子進行的十個對話》（Ten Conversations you Must Have with Your Son）提姆・霍克斯博士（Dr Tim Hawkes）
- 此書旨在教導家長必要的技能，協助他們引導自己的兒子。

⚠ 網路用語詞彙表

我嘗試將此書的科技用語減到最少，並試著在提及每個概念時加以解釋，但你大概有讀過、聽說過或看過你不確定是什麼意思的事物。這個詞彙表並沒有列出每一個科技詞彙，但試圖涵蓋我曾使用過、你最可能聽說過的詞語，以及可以幫助你了解科技世界的詞語。此列表亦可協助你與孩子的對話，並讓他們知道你對網路有一定程度的了解。

4G　手機最新的科技，代替了所謂的 3G。所有 4G 科技都必須提供至少一百 Mbps 的最高資訊傳送速率。

5G　在二零二零年前，澳洲會有第五代的手機網路，比 4G 快一百倍。

可接受使用政策　此書面政策概述並明確定義使用特定電腦或電腦網路時應有的正確使用方式和可接受的行為，學校和工作場所普遍找得到這些政策。除了制定明確的使用規範外，也應包括不可接受的行為範例以及各種違反規定的處罰。

廣告軟體　這種軟體通常會產生彈跳式橫幅廣告。當用戶點擊上面的連結時，會連到另一個網站。有時候這些連結含有病毒，所以你在點擊任何彈跳式視窗時，必須非常小心。

安卓系統　Google 研發的手機作業系統。為三星等數種智慧型手機品牌使用。

防毒軟體　用來掃描和移除電腦的病毒。多數有自動和手動掃描選項。自動掃描檢查下載或開啟檔案，也可定期掃描整個硬碟。手動掃瞄代表你可以在需要時選擇進行掃描。

App　應用程式（Application）的縮稱，等同於軟體程式。

App 最常被用來描述手機用的軟體，如智慧型手機和平板電腦。當蘋果電腦在二零零八年創造了 App Store 時，將此詞發揚光大。多數 App 是免費的，但用戶可能因使用了 App 內購功能，累積了巨額的帳單。確保你關閉內購功能，或至少設定一個孩子不知道的密碼。

虛擬化身　網路用戶在虛擬世界裡的化身，如電腦遊戲（3D 卡通化身）或社群網路。

BT 下載　對等式網路檔案分享協定，為的是減少檔案分享所需的頻寬。這是因為檔案分享分布於各系統間。BT 下載可以更快下載檔案大的電影或遊戲，並通常被用來非法取得最新的電視節目、遊戲或電影，亦可分享給別人。

封鎖及過濾軟體　此電腦程式是設計來阻止電腦使用者看見特定資訊，最常用來限制孩子在學校或家裡的電腦上可看到的事物。工作場合上也可用來封鎖特定網站，如社群網站。

網誌　網路日誌的縮稱，為使用者生成內容的網站，可用來撰寫報導式的文章，並以反向的時間順序顯示。網誌提供特定主題的評論或新聞，某些具有個人網路日誌的功能。典型的網誌結合文字圖像，讀者通常可以藉由互動模式留下評論。

藍牙　此無線科技可藉由短波長傳輸在藍牙裝置間進行短距離的通訊。

寬頻　指的是一種數位通訊類型的寬頻寬特性，可以同時傳輸多種信號和流量類型。最常見的兩種類型為使用現有電話線的 DSL 數據機，以及使用跟有線電視一樣連結的纜線數據機。

瀏覽器　電腦程式，電腦用戶可藉由此程式在網際網路上瀏覽全球資訊網的頁面。常見的瀏覽器為 Internet Explorer、Google Chrome、Safari 和 Mozilla Firefox。這些程式可讀取超文本標記語言（HTML），並在電腦螢幕上顯示網頁。

驗證碼　用來驗證輸入資料的是人類而非電腦的程式。驗證碼常見的地方是網路表格或某些網路銀行登錄頁面。用戶必須參照一張扭曲的影像，輸入上面的文字，某些非常困難，須要多次嘗試。大多數也有語音朗讀功能，這樣視力不好的人也可完成任務。

網路交友詐騙　某人為了進行網路交友詐騙，在網路上假冒其他人或製作假身分。

聯絡人清單　網路聊天好友的清單，也被稱為好友清單。可

藉此得知好友當中有誰在線上，可以跟你聊天。最開始是因為一九九七年的即時通訊系統而蔚為流行。

聊天　指的是網路上的程式，兩人或多人可以進行即時文字對話。一開始僅限打字訊息（MSN），現在聊天包括語音和網路攝影機通訊。聊天功能是社群和遊戲網站常見的功能。

聊天室　也被稱為討論群組。你可以跟一人或一個群組在「聊天室」裡進行即時溝通。

兒童色情　澳洲維多利亞州的《一九五八年犯罪法》將「兒童色情」為定義為檔案、照片、出版物或電腦遊戲敘述或描繪未成年（或看起來未成年）的孩童進行性行為，或者此孩童被以不雅的情色方式或情形描繪。兒童的情色圖像較好的名稱應為「兒童虐待圖像」或「兒童性剝削材料」，而非「兒童色情」，因為這樣的名稱可能會合法化內容，實際上每個圖像都是犯罪現場。

小型文字檔案（cookie）　被稱為 HTTP cookie、網路 cookie 或瀏覽器 cookie。是從網站傳送的小型檔案，當用戶瀏覽該網站時，此檔案儲存在用戶的網路瀏覽器裡。每次用戶在載入網站時，瀏覽器將 cookie 傳送給網站的伺服器，通知該網站此用戶之前的活動。例如：若你將「在這台電腦上記得

我」打勾，下一次你登入時，你將自動登入或僅須輸入密碼。

雲端運算　也被稱為「雲端」，可視為在任何地方都可以讀取的電腦硬碟。你可以在上面儲存文件、音樂、地址等等，但並非只能從一個實體的裝置中讀取，任何電腦或可上網的裝置上均可讀取所有的材料。然而，當你的孩子在他們的雲端上儲存檔案時，可能會產生問題，因為你很難查看他們在做什麼及做的事是否適當。

網路霸凌　定義為藉由電子媒介，如電子郵件、手機、社群網站、即時通訊程式、聊天室、網站和玩線上遊戲進行任何重複性的騷擾、辱罵和羞辱。

網路空間　全球的電子通訊系統，包括小型和大型電腦網路，也包括電話系統。

討論群組　特定的網路電子佈告欄，亦被稱為新聞群組、列表伺服和論壇。

網域名稱　這是特別用來識別網站的名字，例如：www.cybersafetysolutions.com.au，這是我公司的網域名稱。每個網站都有網域名稱作為地址，以此進入網站。像是 .com 的域名後綴表示商業網站，.org 表示非營利組織。某些會

以國家碼作為後綴，如 .au（澳洲）或 .uk（英格蘭），人們能藉此知道網站的位置。

下載　從一台電腦系統複製檔案到另一台電腦。每當你從網路上接收資訊時，你就是在將訊息下載到你的電腦。

電子郵件　電子郵件藉由電子通訊系統，以儲存與轉發的方式撰寫、寄送、儲存和接收訊息。「電子郵件」這個詞語適用於網路（簡單郵件傳輸協定，SMTP）和一個組織內的內聯網系統（內部）。訊息可以傳送至單一收件人或多個使用者，也可以附加文字檔、照片檔、影片檔和音樂檔。

郵件標頭　一封電子郵件從一台電腦傳到另一台電腦時所搜集的資料。郵件標頭對於判斷電子郵件真正的來源非常重要。雖然標頭不會在郵件內文出現，還是很容易找得到。

表情符號　你常會在電子郵件、線上聊天和簡訊看到的文字表情。一開始只限於使用鍵盤上的符號，如：微笑臉 :)、開懷微笑臉 :D，或傷心的臉 :(。現在包括真實的小圖片，用來表示一連串的情緒或慶祝。

Facebook　世界上最流行的社群網站。創辦人起初將網站的會員資格限於哈佛的學生，但擴展到波士頓地區其他大

學、常春藤盟校和史丹佛大學。爾後逐漸提供給其他各大學的學生，再開放給高中生，最後開放給所有十三歲以上的人。Facebook 用戶可以建立一個自己的資訊檔案、上傳照片影片、和朋友通訊。

檔案　一系列電腦資料。

過濾　用來管理一台電腦上准許瀏覽的網路內容，並管理用戶瀏覽內容的權限。某些過濾工具能讓同一裝置的不同使用者享有不同程度的權限，例如各年齡的兒童。

防火牆　軟體或硬體網路安全系統，藉由分析封包和依據規則判斷是否准許通過來控制接收與傳出的網路流量。

網路論戰　經由網路發表或傳送冒犯的訊息。這些訊息稱為「論戰」，發表在網路的討論論壇或新聞群組、社群網站或 Twitter 一類的網站上。

Google　熱門的網路搜尋引擎。

Google 雲端硬碟　檔案儲存程式，用戶可創造文件、在雲端儲存檔案、隨處在網路上取得文件、和與他人分享文件。其他授權的用戶可對文件進行變更。

性誘拐　受未成年性吸引的人（戀童癖）所使用的手段，目的是取得受害人的信任。

駭客　駭客藉由規避網站或帳號的安全設定，獲得未授權的電腦權限、電腦系統權限或網站權限。

命名　假名，網路聊天時取的名稱，通常也稱為螢幕名稱。如果你決定稱自己為性感傑西 123，那就會是你的命名。

硬碟機　用來儲存所有資料的裝置。裡頭裝有硬碟，是你所有檔案和資料夾實體儲存的地方。

主題標籤（hashtag）　前綴為 # 符號的一個字或詞語。「主題標籤」一詞由 Twitter 所創，結合了「井字號（hash）」（號碼符號的另一個名稱）和「標籤（tag）」，因為是用來標記特定字詞。例如，你可以在 Twitter 文裡打上「# 霸凌」來標記「霸凌」。

HDMI　這是高畫質多媒體介面（high-definition multimedia interface）的縮稱。HDMI 是數位的介面，利用同一條線材傳輸聲音和影像資料。大部分高畫質電視和 DVD 及藍光播放器、有線電視盒和電玩系統都支援。

首頁　網站的起始頁或首頁。通常會描述網站目的，並有頁籤與連結，引導使用者至網站的其他頁面。

Hotmail　微軟旗下的免費電子郵件電腦系統。已經過更新，現在稱為 Outlook.com。所有原初 Hotmail 帳號仍可使用。

HTML　超文字標示語言（hyper text markup language）的縮寫，電腦程式語言，用來構建全球資訊網上的頁面。

HTTP　超文本傳輸安全協定（hypertext transfer protocol）的縮寫，此系統允許全球資訊網上的資料通訊。這是為什麼所有網址的一開始都是「http://」。

HTTPS　超文字安全傳輸通訊協定（hypertext transfer protocol secure）的縮寫。HTTPS 跟 HTTP 是一樣的，但為了安全目的，使用了安全通訊協定。使用 HTTPS 的網站例子包括網路銀行、網路購物、預訂機票以及多數須要登入的網站。

超連結　也稱為連結。用戶可以點擊超連結，直接前往網站的另一個部分或到其他的網站。

ICQ　發音類似 I seek you（我找你）。聊天程式，用戶可以聊天、傳送檔案、跟彼此互動。

ICT 資訊與通信科技（information and communication technologies）的縮寫。這些科技可用來在網路、無線網路、手機、平板電腦或其他各種通訊方式獲取資訊。

收件匣 儲存所有接收電子郵件的主要資料夾。不論你是由網頁郵件界面還是 Outlook 或 Mac OS X 讀取信件，下載後的訊息都會儲存在收件匣裡。

Instagram 線上照片分享、影片分享和社群應用程式。使用者可運用數位濾鏡在照片和影片上，並分享在 Instagram 或各種社群網站上，如 Facebook。現在隸屬於 Facebook。網際網路：一個遍布世界、可公開存取的網路，互相連結的電腦網路藉由標準網際網路協定，交換封包以傳輸資料。網路犯罪份子：使用網路佔別人便宜的人。網路犯罪份子最常指的是試圖藉由網路找到兒童，並對其進行性虐待的人。

iOS 手機作業系統，先前以 iPhone OS 為人所熟知。是由蘋果電腦公司研發，在二零零七年因應 iPhone 而推出，現在也被用在其他的蘋果裝置上，如 iPod Touch、iPad、iPad Mini 和第二代的 Apple TV。

IP 網際網路協定（internet protocol）的縮寫，一組網路傳送和接受資料的協定。

網際網路中繼聊天　大型網路聊天網路，由許多不同的網路組成。

互聯網服務提供商　提供網路給個人和企業的公司，通常以月計費。

LinkedIn　專業社群網站。LinkedIn 讓你與其他專業人士連結、分享工作相關訊息，可以創立商務相關的檔案。

列表伺服　提供自動化郵件列表系統的軟體或硬體，可以讓不同的人同時接收同一封電子郵件。

Mac OS　Mac 電腦上運作的作業系統。

大型多人線上角色扮演遊戲　網路遊戲，讓大量的玩家同時在線上玩遊戲，例如《魔獸世界》。

網路爆紅梗　爆紅梗是在不同人之間傳播的概念和行為。例如：信仰、潮流、故事和詞語。爆紅梗通常是圖片及加入文字的影片，也可以是超連結或主題標籤。有些網路爆紅梗很高明，但有些被用來進行霸凌。

詮釋資料　隱藏的資料，可提供某物件的資訊。一張圖片的

詮釋資料提供的資訊包括圖片大小、顏色、解析度和製作時間和地點。

Moodle 模組化物件導向動態學習環境（Modular Object-oriented Dynamic Learning Environment）的縮稱。一款免費的數位學習平台軟體，原初研發目的為協助製作線上課程。Moodle 最初的版本在二零零二年八月二十日推出。

滑鼠 目前電腦最主要的輸入設備之一。小型的老鼠造型設備，可用來在電腦上點擊和滑動。滑鼠的尾巴一開始是由滑鼠線代表，但現在多數由藍牙連接，所以不需要電線。

網路禮儀 網路上應有的的禮儀。網路使用者之間的規範和禮節。換句話說就是網路規矩，譬如：大寫輸入訊息或電子郵件是在對收件人大吼。

網路 兩台或多台電腦連結一起分享資訊。

新聞群組 網路的其中一領域，電腦使用者可以發表訊息供他人瀏覽，包括文字圖片、照片等等。新聞群組是由上千個不同主題所組織而成。

作業系統 電腦使用者和電腦之間的介面軟體。微軟 Windows、

Mac OS 和 Linux 都是各種的作業系統。

寄件匣 寄出的電子郵件的暫存地方。當電子郵件被編寫後，儲存在寄件匣裡，直到成功寄至收件人信箱。一旦寄出，多數電子郵件程式將郵件移至「已寄出信件」的資料夾裡。

Outlook 由微軟研發的電腦程式，用來傳送和接收電子郵件。Outlook 利用的是微軟 Windows 作業系統。

P2P 對等式網路（peer to peer）的縮寫。在一個 P2P 的網路裡，電腦互相連結，並可作為伺服器和用戶端，互相分享檔案。傳統的系統稱為用戶端或伺服器架構。

封包 一系列從一台電腦傳至另一台電腦的字元資料。網路上，資訊被分解為較小的封包，並從一台電腦傳至另一台電腦，這些封包會於另一台電腦上被組合起來形成原始的資料。

家長監護 電腦軟體或硬體，家長可用之管理孩子接觸的某些資訊類型，也可用來限制特定應用程式的使用權限，如遊戲、照相機或影片分享。

密碼 一連串的字母、號碼或符號，當以正確的方式組合時，就可獲得進入某範圍的權限，而其他使用者無法進入，例如：

登入辦公室電腦或登入你的社群網站帳號。

頁面瀏覽　每一次使用者造訪一個網頁，就稱為頁面瀏覽。網站分析也利用頁面瀏覽調查一個網站上，有多少頁面被瀏覽過。

permalink　為永久網址（permanent link）的英文縮寫。permalink 是 URL 網址，連結網頁或網誌文章。提供每篇文章的特定網路地址，讓使用者可以標籤網誌文章或從其他網站連結。

網址嫁接　惡意的間諜軟體或類似的東西，用來將網站流量重新導向至另一個假的網站。

網路釣魚　寄送假冒正當的電子郵件，試圖欺騙使用者洩漏私人訊息。

發文　某人在新聞群組或社群網站上張貼的電子訊息。

發表　張貼電子訊息至新聞群組、社群網站或其他網路群組。訊息本身稱為發文。

Pinterest　圖釘板式的照片分享網站，可以創造和管理圖

片。使用者可以瀏覽其他圖釘板上的圖片，「轉釘」圖片到自己的板上，或為圖片「按讚」。

POP3　郵局協議（post office protocol）的縮寫。有時候稱為 POP，寄送電子郵件的標準方法。POP3 郵件伺服器接收電子郵件，並將之過濾分類到適當的使用者資料夾裡。

通訊協定　電腦與彼此溝通的一系列規定和指示。

Reddit　新聞和娛樂社群網站，註冊用戶上傳如連結或發文等內容。其他用戶對內容進行投票，如此一來，發文會在列表往上或往下移動，內容根據興趣領域分類。

即時　電腦或網路上現在發生的活動。即時通訊的例子為 Skype 、Facebook Chat。

螢幕名稱　在網路上使用的名稱。

螢幕截圖　也被稱為螢幕抓取或螢幕擷取。這是從電腦、手機或平板螢幕上拍攝下來的照片，不是一整個螢幕，就是特定開啟的視窗。對於儲存螢幕上看到的東西，截圖是很好的方式，而且如果你要將內容通報給學校或警方，這個功能也很重要。

搜尋引擎　網路電腦程式或網站，使用者可以搜尋上百萬的網站，以獲得資訊。常見的搜尋引擎為 Google、Bing、Yahoo 和 Ask。

伺服器　被編寫為接受資訊請求及提供該資訊給授權用戶的電腦。伺服器被用在網站（網路伺服器）和電子郵件（電子郵件伺服器）及其他的網路活動上。

情色簡訊　以電子方式寄送露骨或裸露的訊息或照片，主要傳送於手機之間，但也包括網路程式，如即時通訊、電子郵件、照片和影片分享或社群網站。

性敲詐　一種性黑函的形式，性相關的資訊或影片被用來敲詐被害人，以獲得性好處或金錢。此詞語是由 FBI 探員所創，他們當時在調查的網路黑函案件有性相關的元素。

簡訊釣魚　此詞彙用來形容藉由簡訊傳送的詐騙或假訊息。

SMTP　簡易郵件傳送協定（simple mail transfer protocol）的縮寫。在網路上寄送電子郵件的協定或規則。你的電子郵件系統使用 SMTP 寄送訊息給電子郵件伺服器，而伺服器利用 SMTP 繼續將訊息傳遞給正確的接收郵件伺服器。

社群網站 虛擬社群的一部分，例如 Facebook，這是目前最流行的社群網站，有超過二十二億用戶。社群網站提供用戶簡單的工具，創造量身定做的文字與圖片檔案，藉之與他人互動。網站可設定成任何人（公開）均可瀏覽或限制只有用戶的聯繫人才可以瀏覽（私密）。

軟體 告訴電腦要做什麼的電腦作業系統。

垃圾郵件 跟未經許可投遞至你的信箱的垃圾信件相同，通常一次大量發送上百萬個訊息。垃圾郵件顯著地降低了世界上正當網路流量的速度。

垃圾訊息 垃圾郵件的即時通訊服務版本。

垃圾語音 垃圾郵件的網路電話版本，如 VoIP 軟體（Skype）。

垃圾色情內容 大量發送的色情內容。

間諜軟體 在未經許可下協助搜集個人或組織資訊的軟體，可能寄送資訊給另一個人或讓他們遠端控制你的電腦。

串流 資料串流；當某個多媒體檔案可以重播，而不必先完整下載。最常見的串流形式為音訊和影片。

平板電腦　可攜式的電腦，使用觸摸式螢幕作為主要的輸入設備。比起一般的筆記型電腦，多數平板電腦體積較小、重量較輕。打字通常使用螢幕上的彈跳式虛擬鍵盤。

TOR　洋蔥服務（The Onion Router）的縮寫。用來轉移網路流量的方法，轉移流量可隱藏用戶的位置或使用情形，其他或許在監視的人就無法看到。從事非法網路活動的人通常利用此服務規避警方調查。

觸控板　觸控板利用觸覺感應器將使用者的手指動作和位置轉譯成螢幕上相對的箭頭位置，為筆記型電腦常見的功能。

特洛伊木馬　在未經許可下利用惡意程式進入作業系統的駭客程式，但看起來像在執行吸引人的功能。

網路小白　在網路上發表冒犯人、煽動或與主題不符的評論。這些評論可能在網路論壇、Facebook 動態牆、網誌文章或線上聊天室裡出現。小白的行為在 Twitter 上很常見。

Tumblr　Yahoo! 旗下的網誌平台和社群網站。使用者可以發表內容到短網誌、追蹤其他人的網誌或將網誌設定為私密。

推文（tweet）　Twitter 用戶在線上的發文或迷你網誌。以前

一則推文限制為一百四十個字元，現已增為兩百八十個字元。

推特（Twitter）　迷你網誌網站，用戶可發表短篇資訊或評論，稱為推文。一旦創立了帳號，就可發文，並瀏覽別人的推文。若你追蹤其他用戶，他們最近的推文就會顯示在你的首頁上。另一方面，你的推文會顯示在那些追蹤你的用戶的首頁上。你也可以用「主題標籤」標記一個關鍵詞，這樣一來，其他人若在搜尋該主題的評論時，就可以輕鬆找到你的推文；例如：「＃網路空間」在 Twitter 上標記了「網路空間」這個詞，搜尋網路空間相關推文的人就能找得到。

統一資源定位符（URL）　具體指出網路上資訊所在位置的方法。例如：澳洲政府的網站 URL 是 http://australia.gov.au。

上傳　從你的電腦傳輸電腦資料到另一台電腦系統或網路。

USB　通用序列匯流排（universal serial bus）的縮寫。USB 是目前電腦上最常使用的連接埠，可以用來連接鍵盤、滑鼠、遊戲控制器、列印機、掃描機、數位相機和可移除的媒體驅動器等等。

USB 隨身碟　資料儲存設備，包括快閃記憶體加上整合通用序列匯流排（USB）的介面。USB 隨身碟通常可移除，

亦可重複錄寫，用來儲存和傳輸資料。

VoIP 網 路 傳 輸 語 音 資 料 技 術（voice over internet protocol）的縮寫，讓你使用寬頻網路打語音電話的科技。現在多數包括網路攝影機的功能，你可以看得到對方，也可以多人同時通話。

虛擬世界 電腦模擬環境，使用者可在此互動，為主題式、幻想、或真實生活的平行世界。

病毒 無用的電腦程式，試圖附著於電腦軟體上，通常在用戶不知情的狀況下，就像人類的病毒，讓電腦「生病」。就像人類病毒一樣，有多種「症狀」，例如導致電腦比平常慢很多，較嚴重的例子裡會有電腦故障的情形。

網路攝影機 網路攝影機是「網路」和「攝影機」的組合。網路攝影機一開始的目的是將影片發布至網路上。網路攝影機通常是嵌在使用者螢幕上的小型攝影機，為各裝置（電腦、手機或平板電腦）的內建設備。網路攝影機廣泛用在VoIP 程式上，如 Skype、有攝影功能的即時通訊程式和視訊會議。

瀏覽紀錄 列出造訪過的網站位置的檔案。

網頁　全球資訊網上的文字或圖像視覺檔案,顯示在使用者的電腦、平板電腦或手機螢幕上。

網路管理員　負責維護網站的人。

網站　一系列相關的網頁。

Wiki　使用者可用自己的瀏覽器加入和更新內容的網站,由網路伺服器上的維基百科軟體所支援。最常見的大型 wiki 例子是維基百科,為多語種的免費百科全書,任何人均可編輯。許多學校設有班級 wiki,學生可在上面加入內容。

WWW　全球資訊網。這是藉由網路進入的互連超文件系統,使用者藉由點擊超連結前往各網頁。

YouTube　影片分享網站,用戶可上傳和觀看影片。

⚠ 網路縮寫

　　網路慣用語結合了我們所知的網路縮寫和火星文,為多數簡短線上文字通訊的基礎。起源為最早的聊天室,當

中用戶創造自己的「速記法」以跟其他用戶溝通。這樣的用語又快又簡單，並減少了擊鍵次數。這些最早的「網路語言」發展成了縮寫，常見於目前流行的即時通訊程式，如Facebook Chat 和 Kik，當然也包括手機上的簡訊。

很多縮寫高明有趣，然而某些被網路犯罪份子廣泛使用，以跟孩童進行性相關的對話。家長即使看到，也不知道對話的內容。身為家長，你應該知道某些縮寫，如此一來，當孩子寄給你簡訊時，你才能了解他們說的話。不要花太多時間在這件事上，但要稍微看一下，看看你是否在不自覺中已經知道了或使用了某些縮稱。一定要記得，如果看到孩子帳號或手機上有你不懂的東西，你永遠可以在網路上搜尋意思。以下是某些主要的縮寫詞語，你應該要特別知道 KYS，意思是「殺了你自己（Kill yourself）」。令人遺憾地，這個詞語目前被大量用在網路霸凌裡，所以應保持警惕。另外一個要注意的是 KMS，意思是「殺了我自己（Kill myself）」。

A

2nite：今晚（tonight）

2moz：明天（tomorrow）

AISI：照我看來（as I see it）

ALAP：愈晚愈好（as late as possible）

AMA：儘管問我（as me anything）

ASL：年齡、性、位置（age, sex, location）

ASLP：年齡、性、位址、照片（age, sex, location, pic）

B

BAE：比任何人都優先（重要的人事物）（before anyone else）

BANANA：陰莖

BASIC：無聊的人

B4YKI：還沒意識到之前（before you know it）

BF：男朋友（boyfriend）

BFF：最好的朋友（best friends forever）

BRB：馬上回來（be right back）

BRT：馬上到（be right there）

BTW：順道一提（by the way）

BYAM：不要告訴別人（between you and me）

C

CEEBS：我才懶得做……（can't be bothered）

CWYL：等會再聊（chat with you later）

CYA：再見（see you）

CYL8R：等會見（see you later）

D

DAE：有沒有人也 ...（Does anyone else）

DAFUQ：搞什麼鬼？（What the f**k?）

DBA：不要問（Don't bother asking）

DILLIGAF：我看起來像是我在乎嗎？（Do I look like I give a f**k?）

DK：不知道（Don't know）

DW：別擔心（Don't worry）

DWEET：喝醉酒寫的推文（a drunk tweet）

E

E123：就這麼簡單（easy as one, two, three）

ELI5：把我當成五歲小孩一樣跟我解釋 (explain like I'm five)

EOD：到了最後（end of day）

F

F2F：面對面（face-to-face）

Facepalm：傻眼

FFS：有沒有搞錯！（for f**k sake）

FML：操我的人生（f**k my life）

FOAF：朋友的朋友（friend of a friend）

FOMO：害怕錯過（fear of missing out）

FONK：害怕不知道（fear of not knowing）

FR: 真的（for real）

FTFY：幫你弄好了（fixed that for you）

FWB：砲友（friends with benefits）

G

GAL：找點正經事做吧（get a life）

G2G：得走了（got to go）

GF：女朋友（girlfriend）

GNOC：在攝影機前裸體（get naked on cam）

GOAT：永遠最棒的（greatest of all time）

GR8：很棒（great）

GYPO：脫掉褲子（get your pants off）

H

H8：恨（hate）

HAK：親親抱抱（hugs and kisses）

HIFW：我當時的感受 (how I felt when)

I

ICYMI：萬一你錯過了（in case you missed it）

IDGAF：我一點都不在乎（I don't give a f**k）

IDK：我不知道（I don't know）

IIT：緊嗎？（Is it tight?）

IKR：對啊我也覺得！（I know, right）

ILY：我愛你（I love you）

IM：即時通訊（instant message）

IMHO：依我淺見（in my humble opinion）

IMO：我覺得（in my opinion）

INBD：不是什麼大不了的事（It's no big deal）

IRL：現實生活中（in real life）

ISS：我就說吧！（I said so）

J

JK：開個玩笑（just kidding）

JSYK：只是要讓你知道（just so you know）

K

KIR：做自己（keep it real）

KIT：保持聯繫（keep in touch）

KITTY：陰道

K：好的（Okay）

KK：好的（Okay）

KMS：殺了我自己（kill myself）

KPC：瞞著父母（keeping parents clueless）

KYS：殺了你自己（kill yourself）（廣泛用在網路霸凌裡）

L

L8R：等會（later）

LDR：遠距離戀愛（long-distance relationship）

LIT：很棒或完全喝醉酒

LMAO：笑到不行（laughing my ass off）

LMFAO：笑到不行（laughing my f**king ass off）

LMIRL：親自見面吧（let's meet in real life）

LMK：讓我知道（let me know）

LOL：大聲地笑（laugh out loud）

M

M8：朋友（mate）

M/F：男生還是女生（male or female）

MFW：我的表情是（my face when）

MIRL：現實中的我 （me in real life）

MRW：我的反應是（my reaction when）

N

NIFOC：在電腦面前裸體（nude in front of computer）

NM：沒幹嘛 （not much）

NMU：沒幹嘛，你呢？（not much, you?）

N/P：沒問題（no problem）

NSFW：上班時間不要看（not safe for work）

NTK：很高興知道（nice to know）

NVM：算了（never mind）

O

OMFG：我的天啊！（oh my f**king god）

OMG：我的天啊！（oh my god）

OS: 該死（oh sh**）

OSIF：該死我忘了（oh sh** I forgot）

OT：離題（off topic）

OTP：通話中（on the phone）

P

PAL：父母在聽（parents are listening）

PAW：父母在看（parents are watching）

PDA：公開曬恩愛 （public display of affection）

PIR：父母在房裡（parent in room）

PLZ：拜託（please）

POS：父母在背後（parent over shoulder）

PPL：人（people）

P911：父母要來了

PRON：色情內容 （porn）

R

RAK：簡單的善意舉動（random act of kindness）

ROFL：滾地大笑（rolling on the floor laughing）

ROFLMAO：滾地大笑到爆（rolling on the floor laughing my ass off）

RT：轉推文（retweet）

RTFM：你是不會自己看說明書喔？（read the f**king manual）

RU：你是嗎？（Are you?）

RUH：你慾火焚身嗎？（Are you horny?）

RUOK：你還好嗎？（Are you okay?）

S

S2R：寄了要回傳（send to receive）

SMH：傻眼（shaking my head）

SOZ：抱歉（sorry）

SRSLY：認真地（seriously）

STFU：閉嘴！（shut the f**k up）

SUP：最近如何？（What's up?）

SWDYT：所以你覺得怎麼樣？（So what do you think?）

T

TDTM：跟我講下流的話（talk dirty to me）

THX：謝謝（thanks）

TS：那也沒辦法（tough sh**）

TTFN：再見（ta ta for now）

T2UL8R：等會再說（talk to you later）

Y

YOLO：人生只有一次（you only live once）

YSVW：完全不客氣（you're so very welcome）

W

WE：隨便（whatever）

WFM：我可以（works for me）

WTF：搞什麼鬼！（What the f**k?）

WTG：做得好！（way to go）

WTGP：想要私下處理（want to go private）

WTTP：想要交換照片（want to trade pics）

WT：搞什麼鬼！（What the?）

WUF：你從哪裡來的？（Where you from?）

WYRN：你的真名是？（What's your real name?）

其他

2MI：太多資訊（too much information）

8：口交

143：我愛你

182：我恨你

420：大麻

1174：裸體俱樂部

延伸閱讀

台灣的實用網站和家長網路管理工具

實用網站

iWIN 網路內容防護機構 http://www.win.org.tw/

依照兒少法第四十六條授權，由國家通訊傳播委員會邀集相關主管機關、兒少團體、社會團體、專家學者以及網路服務業者，共同組成任務行「審議委員會」協助擬定申訴案件處理等級、分案標準並視執行成效進行檢討。

....

財團法人台灣網站分級推廣基金會 http://www.ticrf.org.tw/

此網站詳細介紹網站分級機制，並提供網站過濾軟體，發行網護情報月刊。

....

國家通訊傳播委員會 http://www.ncc.gov.tw/kidsafety/default.asp

此網站提供網路分級、安全上網指南、過濾軟體下載等資訊。

....

教師網路素養與認知 http://eteacher.edu.tw/

此網站提供豐富的網路教養、網路安全的教學資源，因應網路世代面臨的交友、霸凌、成癮等問題。

....

台灣網際網路協會 http://www.twia.org.tw/

可透過此網站檢舉不當的網站內容和垃圾信件。

家長網路管理工具

Google Family Link

一款家長監護應用程式，助於遠端管理孩子的應用程式活動，設定使用時間上限，掌握孩子的行蹤。為孩子的帳戶授予權限後，可以使用執行下列操作，例如，變更 YouTube Kids 應用程式的內容篩選設定，選擇是否核准孩子從 Google Play 下載及購買的項目，根據年齡分級來限制他們能在 Google Play 商店中看到哪些內容，以及管理 Google 搜尋的「安全搜尋」等設定。

. . . .

網路守護天使　https://nga.moe.edu.tw/

由教育部與趨勢科技共同開發的免費軟體，其主要功能為網路內容過濾、控管上網時間、掌握行蹤定位、阻擋廣告等，提供支援電腦版和手機板的選擇，分別支援 Windows，以及 iOS、安卓系統。

. . . .

Family+ 健康上網服務

提供上網時間管理、阻擋不良網站、查看上網行為報表等實用功能，以及最後給予孩子鼓勵良好行為的獎勵表。

致謝

完整更新的全新版《網路失控》是為了提供所有的家長、照顧者和教育者最需要的實用建議，協助他們在數位空間裡充滿自信地教養、教育和照顧年輕的孩子。

首先，我要感謝麥可‧卡爾格雷格博士，我很榮幸可以稱他為我的朋友和導師。從一開始，他就對我有信心，並在別人都不看好的情形下，讓我相信自己。他也抱持著和我一樣對保護孩子線上安全的熱情，每日不斷地給我鼓勵和支持，我永遠感謝他的友誼和忠告。

獻給我的出版人——蘇菲‧安布洛斯。謝謝妳對我更新版的書提出的忠告和熱情。

獻給每天邀請我進入他們的世界的學校、家長和學生，這本書獻給你們。

當然，我最衷心的感謝要獻給我的家人。沒有你們，我無法做到這些事。獻給我的父母，雖然他們很遺憾地無法在這裡讀到這本書，但他們灌輸了我群體和互助的觀念。我知道你們會很驕傲！我想要特別謝謝親愛的教父（舅舅）亞瑟·史考斯，在我一生中一直支持著我。我很最愛你的是，你會跟所有想要傾聽的人分享我的熱忱，並樂意提供我的書給他們。當聽著我正在做的事時，你很興奮，而且雖已近九十七歲，你仍準備好學習網路世界的知識，實在是激勵人心！你是大家的表率。

　　獻給我很棒的丈夫——羅斯。你一路與我相伴。對於我和我保護孩童線上安全的熱忱，你總是毫不猶豫地給予支持。你支持我，也是我的書最好的銷售員。你無數次地閱讀和覆讀手稿，毫無怨言。謝謝你的鼓勵，並讓我追尋夢想。獻給我的孩子——莎拉、亞當和路克，你們是我的靈感。我們一起航行了網路空間、向彼此學習、又笑又哭。你們的支持對我來說就是全世界。我希望我讓你們驕傲。謝謝你們，我愛你們。

VIEW 071

網路失控

情色勒索、網路霸凌、遊戲成癮無所不在！
孩子的安全誰來顧？

作　　者／蘇珊‧麥可林

譯　　者／張芷淳

社　　長／陳純純

總 編 輯／鄭　潔

副總編輯／張愛玲

編　　輯／張勻甄

編輯助理／舒婉如

封面設計、內文排版／陳姿妤

整合行銷經理／陳彥吟

北區業務負責人／陳卿瑋（mail：fp745a@elitebook.tw）

中區業務負責人／蔡世添（mail：tien5213@gmail.com）

南區業務負責人／林碧惠（mail：s7334822@gmail.com）

出版發行／出色文化出版事業群‧好優文化

電　　話／02-8914-6405　傳　　真／02-2910-7127

劃撥帳號／50197591　　劃撥戶名／好優文化出版有限公司

E－Mail／good@elitebook.tw

出色文化臉書／https://www.facebook.com/goodpublish

地　　址／台灣新北市新店區寶興路 45 巷 6 弄 5 號 6 樓

法律顧問／六合法律事務所 李佩昌律師

印　　製／皇甫彩藝印刷股份有限公司

書　　號／VIEW 071

I S B N ／978-986-98451-8-2

初版一刷／2020 年 4 月

定　　價／新台幣 450 元

國家圖書館出版品預行編目 (CIP) 資料

網路失控：情色勒索、網路霸凌、遊戲成癮無所
不在！孩子的安全誰來顧？/ 蘇珊‧麥可林 (Susan
McLean) 著；張芷淳譯. -- 新北市：好優文化，
2020.04
　　面；　公分
譯　自：Sexts, texts and selfies : how to keep your
children safe in the digital space
ISBN 978-986-98451-8-2(平裝)

1. 網路安全 2. 兒童保護 3. 網路使用行為

312.76　　　　　　　　　　　　109002119

附録

親子線上安全協議

親子線上安全協議 （給家長）

　　網路和數位科技是很美好的事，作為一家人，我們應齊心協力支持彼此，如此一來，我們才能對於自己在網路上的行為、去處及面對問題的應對方式，做出良好的判斷。為了確保全家人都能在網路上受到最好的保護，共同合作是最好的方式。這項協議為家裡的大人和孩童皆列出非常明確的規定和期望。

　　我＿＿＿＿＿＿身為＿＿＿＿＿＿的家長、照護者或監護人同意以下：

· 我在網路上會以身作則教導孩子良好的網路習慣。

· 在把數位產品交給孩子前，我會先學習如何使用。

· 我會使用適合孩子年齡的家長監護、限制或過濾功能。

· 我會研究所有孩子想要使用的網站、應用程式、遊戲等等，並理性地解釋為什麼我不准許使用特定網站或應用程式。

· 我會在所有孩子使用的網站、遊戲和應用程式上建立帳號，如此一來，我才能確保孩子與他人的互動適當，也能參與他們的數位世界。

· 我會參與孩子的網路生活，跟他們一起玩遊戲，就像在真實生活中一樣。

· 我會制定明確的規定和界線管束孩子在網路上的活動、去處和花費的時間，隨時因其網路行為的好壞而修改之。

· 我會規定不准使用科技產品的特定時間，例如放學後、用餐時或星期日下午，我也會遵守這項規定。

· 如遇緊急狀況，我知道孩子所有的電子郵件地址和密碼。我會使用這些資料的情況只有在當我認為孩子可能遭遇危險，或有不妥的網路行為。

· 我不會當一個在網路上偷窺的家長。我不會發表讓孩子難為情的照片或評論，我不會加孩子的朋友至我的帳號，我不會對孩子帳戶上的內容做出評論，但必要的時候，我會私底下與孩子溝通。我不會因為其他人在其帳號上發表的內容而對孩子發怒。

· 我會確保所有可上網的科技產品不是放在臥室裡。手機在每晚_____ 要交給我，並跟其他手機一起充電。我會在隔天早上適合的時間裡返還。iPod 不能放在臥室裡，除非 WiFi 已經先關閉。

· 我會確保孩子沒有使用年齡限制超過他們年紀的應用程式或網站。

· 我會確保當孩子在網路上遭遇問題或看到他們知道是錯誤的事時，他們知道怎麼做。我保證不論如何都會給予他們支持和協助，他們會知道如果有任何問題都可以來找我。

· 我會協助孩子留下副本，並向該網站、學校、運動社團或警方通報所有不當的網路行為。我會教導孩子濫用科技是犯罪行為。

· 我會和孩子一起享受科技帶來的益處！

簽名＿＿＿＿＿＿＿＿＿＿＿＿

（家長／監護人／照護者）

親子線上安全協議 （給孩子）

我_____，_____歲，同意以下：

· 我會遵守本協議的所有規定，了解這些規定是為了我的安全。

· 在詢問父母的許可前，我不會建立新的帳號、下載任何應用程式或玩任何線上遊戲。

· 我不會下載任何不適合我的年紀的應用程式。

· 我不會在網路上跟現實生活中不認識的人談話，即便我朋友這麼做。

· 我會選擇恰當的螢幕名稱和電子郵件地址，不透露我的所在位置或年齡。

· 我會盡力教父母關於網路和數位科技的事，因為當中有很多樂趣。我會幫助他們了解不確定的事情。

· 除了父母以外，我不會跟任何人分享我的密碼，包括我的朋友。我了解我的父母不會使用我的密碼，除非他們感覺我有危險。我會確保父母知道我有什麼帳號、網站上的匿名分別是什麼和我的電子郵件。

· 我理解網路上會有人犯罪。如果我使用不當，會惹上很大的麻煩。

· 我會以尊重和負責任的態度使用科技。

· 在網路上時，我會保有良好舉止和禮貌，我不會罵髒話或使用惡劣的詞語。如果別人在做粗魯的事，我不會加入。如果我看到網路霸凌的情形，我會下線，並告訴大人。

· 如果我在網路上看到可怕、惡劣或令我擔心的事，我會馬上下線並跟父母說。

· 父母針對臥房裡和特定時間內不得使用科技產品的規定，我會加以遵守。若我的上網時間結束或被要求停止的時候，我會登出網路。

· 我絕對不會同意跟只在網路上認識的人見面。我知道網路上某些人的身分並不是真實的，如果有人要求跟我見面，我會告訴父母。

· 如果有人要求我去做我知道是錯誤的事或讓我困擾的事，我會告訴父母。我不會使用網路攝影機和現實中不認識的人互動。

· 我不會寄出自己把衣服脫掉或只穿內衣的照片。如果有人要求我這麼做，我會馬上告訴父母。

· 如果我收到任何人粗魯或裸露的照片，我會告訴父母。

· 我不會在網路上講任何我在現實生活中不會說的話。

· 我不會在網路上分享個人資訊，除非我的父母說沒關係。這代表我不會分享我的名字、地址、手機和家裡電話、學校、運動社團、老師姓名或個人匿名。

· 我不會打開陌生人傳送的電子郵件，或點擊他們給的連結或彈跳式視窗。

· 我會當一個良好且負責任的數位公民，和家人一起在網路上學習、享受樂趣。

簽名＿＿＿＿＿＿＿＿＿＿＿＿

（孩子）